Lecture Notes in Mathematics

Edited by A. Dold and B. Eckmann

807

Fonctions de Plusieurs Variables Complexes IV

Séminaire François Norguet
Octobre 1977 - Juin 1979

Edité par François Norguet

Springer-Verlag
Berlin Heidelberg New York 1980

Editeur

François Norguet
U.E.R. de Mathématiques, Université Paris VII
2 Place Jussieu
75005 Paris
France

AMS Subject Classifications (1980): 10Kxx, 14-xx, 32-xx, 58Cxx

ISBN 3-540-10015-6 Springer-Verlag Berlin Heidelberg New York
ISBN 0-387-10015-6 Springer-Verlag New York Heidelberg Berlin

CIP-Kurztitelaufnahme der Deutschen Bibliothek
Fonctions de plusieurs variables complexes / ed. par François Norguet.
– Berlin, Heidelberg, New York: Springer.
NE: Norguet, François [Hrsg.]
4. Séminaire François Norguet: Octobre 1977 – Juin 1979. – 1980.
(Lecture notes in mathematics; Vol. 807)
ISBN 3-540-10015-6 (Berlin, Heidelberg, New York)
ISBN 0-387-10015-6 (New York, Heidelberg, Berlin)
NE: Séminaire François Norguet <1977 – 1979, Paris>

Printing and binding: Beltz Offsetdruck, Hemsbach/Bergstr.
2141/3140-543210

A la mémoire

d'Aldo ANDREOTTI

P R E F A C E

Ce volume fait suite aux trois premiers de la série , numéros 409 (Octobre 1970-Décembre 1973) , 482 (Janvier 1974-Juin 1975) et 670 (Octobre 1975-Juin 1977) des Lecture Notes in Mathematics .

Il débute par des textes inédits de D. Barlet et F. Campana , correspondant respectivement aux conférences du 15 Mai 1975 et du 13 Mai 1977 , et toujours d'actualité .

En dehors de la participation précieuse de chercheurs étrangers , c'est le résultat d'une collaboration étroite et permanente entre les Universités de Bordeaux , Nancy et Paris VII . Dans une unité accrue , le thème de l'espace des cycles joue un rôle dominant .

Le séminaire a pu se poursuivre grâce aux subventions de l'Université Paris VII pour le paiement des frais de missions des participants ; en 1979 , il fait partie des activités de l'Année de Géométrie à Paris VII . Le fonctionnement en journées groupées a continué de s'imposer comme le plus commode et le plus fructueux , permettant en outre au séminaire hebdomadaire (non publié) de s'adresser spécialement à des chercheurs débutants .

La publication de ce volume a pu être réalisée grâce aux conférenciers qui ont bien voulu faire dactylographier leurs textes dans leur propre Université, et naturellement grâce à la Librairie Springer qui reste un modèle de compétence et de dynamisme .

F. Norguet

Paris , le 2 Novembre 1979 .

Au moment de la mise sous presse , un télex de l'Ecole Normale Supérieure de Pise annonce le décès d'Aldo Andreotti , survenu le 21 Février 1980 .

La dédicace de ce volume n'est pas seulement une marque de reconnaissance pour sa participation répétée aux travaux du séminaire ; elle tient à souligner le caractère essentiel de sa contribution à la naissance et au développement des théories auxquelles le séminaire se consacre .

F. Norguet

Paris , le 29 Février 1980 .

TABLE DES MATIERES

* Le texte détaillé de cette conférence , remis par les auteurs le 11 Mai 1979 , et dont la publication était initialement prévue dans ce volume , est transféré dans le Séminaire de Géométrie Algébrique réelle de Paris VII (J.-J. Risler) , 1978-1979 , n°9 des Publications mathématiques de l'Université Paris VII (U.E.R. de mathématiques,Tour 45-55,5ème étage,Université Paris VII,2 place Jussieu,75221 Paris Cedex 05,tél. 336 25 25,poste 37 61).

A D R E S S E S   D E S   A U T E U R S

C. BANICA . Dep. de Math. , Bd. Pacii 220 , Bucarest

D. BARLET . Université Nancy I , Case officielle 140 , 54037 Nancy Cedex

R. BENEDETTI . Università di Pisa , Via Buonarotti 2 , Pisa

F. CAMPANA . Université Nancy I

J. L. ERMINE . Unibersité Bordeaux I , 351 Cours de la Libération , 33405 Talence

A. SZPIRGLAS . 26 Rue Terre Neuve , 92190 Meudon

A. TOGNOLI . Istituto Matematico , Via Machiavelli , Ferrara

PROGRAMME DU SEMINAIRE

Année 1977-1978

15 Décembre 1977 : J. L. ERMINE . Images directes à supports propres dans le cas d'un morphisme fortement q-concave .

D. BARLET . Résultats nouveaux sur l'espace des cycles .

R. GERARD . Résidus associés à une connexion avec singularités .

9 Février 1978 : B. LAWSON . Bords des variétés analytiques complexes .

J. P. RAMIS . Solutions Gevrey des équations différentielles à points singuliers irréguliers .

D. BARLET . Convexité au voisinage d'un cycle .

6 Avril 1978 : C. BANICA . Sur les fibres infinitésimales d'un morphisme propre d'espaces complexes .

25 Mai 1978 : A. HENAUT . Cycles et cône tangent de Zariski .

A. SZPIRGLAS . Platitude des revêtements ramifiés .

26 Mai 1978 : J. L. ERMINE . Courants ergodiques et répartition géométrique .

G. ROOS . Caractérisation des valeurs au bord des fonctions holomorphes .

Année 1978-1979

9 Mai 1979 : F. CAMPANA . Algébricité dans l'espace des cycles .

J. P. RAMIS . Résidus suivant une connexion .

10 Mai 1979 : D. BARLET . Déformations d'ordre un de cycles .

A. HENAUT . Sur l'éclatement d'un idéal $\mathfrak{M}$-primaire de $\mathbb{C}\{z_1,z_2,\ldots\ldots,z_n\}$.

B. KLARES . Classification topologique des couples de champs de vecteurs holomorphes , intégrables , dans $\mathbb{P}_3(\mathbb{C})$.

11Mai 1979 : J. J. RISLER . Fonctions de classe C^r et ensembles analytiques .

R. BENEDETTI et A. TOGNOLI . Approximation theorems in real algebraic geometry .

J. M. KANTOR . Equations différentielles algébriques .

FAMILLES ANALYTIQUES DE CYCLES ET CLASSES FONDAMENTALES RELATIVES

par

Daniel BARLET

INTRODUCTION

Le principal intérêt de cet article est de montrer que la notion de famille analytique de cycles d'une variété analytique qui a été introduite et étudiée dans [B] est caractérisée par l'existence d'une classe fondamentale relative.

Ceci permet de jeter une lumière nouvelle sur le chapitre 2 de [B], et de donner une démonstration probablement moins ardue du théorème 4 de ce même chapitre. En revanche, cette nouvelle formulation permet de considérer les théorèmes 6, 8 et 10 de [B] comme des critères d'existence de classes fondamentales relatives, et permet de généraliser le théorème 12 d'intégration de classes de cohomologie.

On remarquera que le §1 donne une construction élémentaire (en particulier sans complexe dualisant) de la classe fondamentale d'un cycle d'une variété analytique.

Je voudrais remercier ici P. Deligne qui m'a suggéré qu'une telle formulation était intéressante.

§ 1. - LA CLASSE FONDAMENTALE D'UN CYCLE DANS UNE VARIETE ANALYTIQUE.

A) Définition et unicité.

Dans ce qui suit, Z désignera une variété analytique (lisse) de dimension pure $n+p$ dans laquelle nous considérerons des cycles analytiques de dimension pure n. Nous supposerons $p \geq 2$ en laissant au lecteur le soin d'adapter nos énoncés au cas $p=1$ (qui est beaucoup plus simple ; voir par exemple le théorème 9 de [B]).

Si X est une sous-variété analytique fermée de Z de dimension pure n, la notion de classe fondamentale de X est bien connue. Rappelons que cette classe fondamentale, que nous noterons c_X^Z est un élément de $H_X^p(Z,\Omega^p)$ qui est localement défini comme suit au voisinage de X :

Si $X = f^{-1}(0)$ où $f : Z \to \mathbb{C}^p$ est une application analytique, on définit $c_X^Z = f^*(c_0)$ où c_0 (qui est la classe fondamentale de l'origine de $\mathbb{C}^p$) est l'élément de $H^p_{\{0\}}(\mathbb{C}^p,\Omega^p)$ qui est donné par le cocycle.

$$\frac{dx_1}{x_1} \wedge \ldots \wedge \frac{dx_p}{x_p}$$

relatif au recouvrement de Leray de $\mathbb{C}^p - \{0\}$ par les ouverts $\{x_i \neq 0\}$ compte tenu de l'isomorphisme canonique :

$$H^{p-1}(\mathbb{C}^p - \{0\}, \Omega^p) \xrightarrow{\sim} H^p_{\{0\}}(\mathbb{C}^p, \Omega^p) \quad .$$

On vérifie que la construction de c_X^Z ne dépend pas du choix des coordonnées normales à X ce qui permet de globaliser car on a

$$H_X^p(Z,\Omega^p) = H^0(Z,\underline{H}_X^p(\Omega^p)) \quad (*) \quad .$$

Considérons maintenant un cycle analytique X de Z de dimension pure n, et notons par $|X|$ son support.

(*) Ceci est vrai dès que X est de codimension pure p, car la suite spectrale $H_X^p(Z,\Omega^p) \Longleftarrow E_2^{\alpha,p-\alpha} = H^\alpha(Z,\underline{H}_X^{p-\alpha}(\Omega^p))$ dégénère puisque : $\underline{H}_X^q(\underline{E}) = 0$ pour $\underline{E}$ localement libre sur Z et $q < p$ [S.T].

DEFINITION 1. - Nous dirons qu'un élément c_X^Z de $H^p_{|X|}(Z,\Omega^p)$ est une classe fondamentale du cycle X si au voisinage de chaque point lisse x de $|X|$ on a $c_X^Z = k_x \cdot c^Z_{|X|}$ où k_x désigne la multiplicité de X au voisinage de x.

LEMME 1. - Si une classe fondamentale de X dans Z existe, elle est unique.

Démonstration. - Si on fait la différence de deux classes fondamentales du cycle X on obtient un élément de $H^p_{|X|}(Z,\Omega^p)$ qui est l'image d'une section globale du faisceau $\underline{H}^p_Y(\Omega^p)$ où Y désigne le lieu singulier de $|X|$; comme Y est de codimension au moins égale à $p+1$ et que le faisceau Ω^p est localement libre, le faisceau $\underline{H}^p_Y(\Omega^p)$ est nul ([S.T]) ce qui prouve le résultat.

B) $\mathrm{Sym}^k(\mathbb{C}^p) \ast \mathbb{C}^p$.

Notons par $\mathrm{Sym}^k(\mathbb{C}^p)$ la variété algébrique normale $(\mathbb{C}^p)^k/\sigma_k$ où σ_k désigne le groupe des permutations de l'ensemble à k éléments. Rappelons que si $S_h : (\mathbb{C}^p)^k \to S_h(\mathbb{C}^p)$ est l'application algébrique définie par :

$$S_h(x_1,\ldots,x_k) = \sum_{1\leq i_1<\cdots<i_k\leq k} x_{i_1} \cdots x_{i_h} \quad \text{pour } h\in (1,k) \ .$$

La somme directe $\overset{k}{\underset{1}{\oplus}} S_h$ passe au quotient et définit un plongement algébrique propre de $\mathrm{Sym}^k(\mathbb{C}^p)$ dans $\overset{k}{\underset{1}{\oplus}} S_h(\mathbb{C}^p)$.

Si $x\in \mathrm{Sym}^k(\mathbb{C}^p)$, nous noterons par $|x|$ le sous-ensemble (fini) de $\mathbb{C}^p$ définit par l'équation algébrique vectorielle (à valeurs dans $S_k(\mathbb{C}^p)$) :

$$|x| = \{y\in \mathbb{C}^p / \sum_0^k (-1)^h S_h(x).y^{k-h} = 0\}$$

avec la convention $S_o(x) = 1$. Il est clair que $|x|$ s'identifie au support du cycle x de $\mathbb{C}^p$.

Nous noterons par $\mathrm{Sym}^k(\mathbb{C}^p) \ast \mathbb{C}^p$ le sous-ensemble algébrique de $\mathrm{Sym}^k(\mathbb{C}^p) \times \mathbb{C}^p$ $\{(x,y)\in \mathrm{Sym}^k(\mathbb{C}^p) \times \mathbb{C}^p / y\in |x|\}$.

On remarquera que si $P : \mathrm{Sym}^k(\mathbb{C}^p)\times \mathbb{C}^p \to S_k(\mathbb{C}^p)$ désigne l'application algébrique définie par :

$$P(x,y) : \sum_0^k (-1)^h S_h(x).y^{k-h}$$

On a ensemblistement $\mathrm{Sym}^k(\mathbb{C}^p) \ast \mathbb{C}^p = P^{-1}(0)$ et que les équations de $\mathrm{Sym}^k(\mathbb{C}^p) \ast \mathbb{C}^p$ données par les composantes de P, bien que non réduites en général, sont génériquement réduites (en particulier aux points réguliers de $\mathrm{Sym}^k(\mathbb{C}^p) \times \mathbb{C}^p$).

Soit $q : (\mathbb{C}^p)^k \to \mathrm{Sym}^k(\mathbb{C}^p)$ l'application quotient ; si U est un ouvert de $\mathrm{Sym}^k(\mathbb{C}^p)$ et m un entier, posons :

$$\omega_s^m(U) = \{w \in H^0(q^{-1}(U), \Omega^m) \,/\, s^* w = w \quad \forall\, s \in \sigma_k\} .$$

LEMME 2. - <u>Pour chaque entier</u> m, <u>le préfaisceau</u> ω_s^m <u>sur</u> $\mathrm{Sym}^k(\mathbb{C}^p)$ <u>est un faisceau algébrique cohérent</u> (<u>resp. analytique cohérent</u> !).

<u>Démonstration.</u> - L'opération du faisceau structural de $\mathrm{Sym}^k(\mathbb{C}^p)$ sur ω_s^m est claire, et la vérification des axiomes de faisceaux évidente.

On a d'autre part une inclusion naturelle de faisceaux algébriques :

$$j : \omega_s^m \to q_*(\Omega^m)$$

et $q_*(\Omega^m)$ est cohérent car q est finie. Il nous suffit donc de montrer que ω_s^m est facteur direct de $q_*(\Omega^m)$ pour conclure. Or l'application de symétrisation :

$$S(w) = (1/k!) \sum_{s \in \sigma_k} s^*(w)$$

définit un morphisme de faisceaux algébriques (resp. analytiques) sur $\mathrm{Sym}^k(\mathbb{C}^p)$:

$$S : q_*(\Omega^m) \to \omega_s^m$$

qui vérifie $S \circ j = \mathrm{id}$ d'où le résultat.

Si $\underline{F}$ est un faisceau algébrique cohérent sur $\mathrm{Sym}^k(\mathbb{C}^p) \times \mathbb{C}^p$, nous noterons par $H^r_{\ast}(\underline{F})$ l'espace $H^r_{\mathrm{Sym}^k(\mathbb{C}^p) \ast \mathbb{C}^p}(\mathrm{Sym}^k(\mathbb{C}^p) \times \mathbb{C}^p, \underline{F})$.

Si m est un entier, nous noterons par Ω_s^m le faisceau algébrique (resp. analytique) cohérent sur $\mathrm{Sym}^k(\mathbb{C}^p) \times \mathbb{C}^p$ défini par

$$\Omega_s^m = \bigoplus_{r=0}^{m} [p_1^*(\omega_s^{m-r}) \otimes p_2^*(\Omega^r)]$$

où p_1 et p_2 sont les projections sur $\mathrm{Sym}^k(\mathbb{C}^p)$ et $\mathbb{C}^p$.

Nous nous proposons maintenant de montrer qu'il existe un élément $c_* \in H^p_*(\Omega^p_s)$ qui jouera le rôle d'une classe fondamentale pour le cycle de $\mathrm{Sym}^k(\mathbb{C}^p) \times \mathbb{C}^p$ défini par $\mathrm{Sym}^k(\mathbb{C}^p) * \mathbb{C}^p$.

Remarque. - Pour chaque entier m , on a un morphisme naturel de faisceaux algébriques cohérents sur $\mathrm{Sym}^k(\mathbb{C}^p)$ $i : \Omega^m \to \omega^m_s$ car l'image réciproque par q d'une forme différentielle sur $\mathrm{Sym}^k(\mathbb{C}^p)$ est invariante par l'action σ_k . De plus, la restriction de i à l'ouvert des points réguliers de $\mathrm{Sym}^k(\mathbb{C}^p)$ est un isomorphisme. On en déduit l'existence d'un morphisme naturel de faisceaux algébriques cohérents sur $\mathrm{Sym}^k(\mathbb{C}^p) \times \mathbb{C}^p$ que l'on notera encore $i : \Omega^m \to \Omega^m_s$ qui est un isomorphisme aux points réguliers de $\mathrm{Sym}^k(\mathbb{C}^p) \times \mathbb{C}^p$.

On montrera plus loin que la restriction de c_* aux points réguliers de $\mathrm{Sym}^k(\mathbb{C}^p) \times \mathbb{C}^p$ s'identifie (via i) à la classe fondamentale dans cet ouvert lisse de la sous-variété lisse $\mathrm{Sym}^k(\mathbb{C}^p) * \mathbb{C}^p$.

Pour $\ell \in (\mathbb{C}^p)^*$, considérons l'ouvert V_ℓ de $\mathrm{Sym}^k(\mathbb{C}^p) \times \mathbb{C}^p$ qui est défini par $V_\ell = \{(x,y) / P(x,y)(\ell) \neq 0)\}$, où l'on a identifié les éléments de $S_k(\mathbb{C}^p)$ aux polynômes homogènes de degré k sur $(\mathbb{C}^p)^*$. Quant ℓ décrit $(\mathbb{C}^p)^*$, les ouverts affines V_ℓ forment un recouvrement, que nous noterons $\mathcal{V}$, de $\mathrm{Sym}^k(\mathbb{C}^p) \times \mathbb{C}^p - \mathrm{Sym}^k(\mathbb{C}^p) * \mathbb{C}^p$, et pour tout faisceau algébrique cohérent $\underline{F}$ sur $\mathrm{Sym}^k(\mathbb{C}^p) \times \mathbb{C}^p$ et tout entier r on a un isomorphisme de Leray :

$$H^r(\mathrm{Sym}^k(\mathbb{C}^p) \times \mathbb{C}^p - \mathrm{Sym}^k(\mathbb{C}^p) * \mathbb{C}^p, \underline{F}) \xrightarrow{\sim} H^r(\mathcal{V}, \underline{F}) .$$

Comme $\mathrm{Sym}^k(\mathbb{C}^p)$ est affine, l'application naturelle :

$$H^r(\mathrm{Sym}^k(\mathbb{C}^p) \times \mathbb{C}^p - \mathrm{Sym}^k(\mathbb{C}^p) * \mathbb{C}^p, \underline{F}) \to H^{r+1}_*(\underline{F})$$

est un isomorphisme pour $r \geq 1$. Ceci nous permet donc, puisque nous supposons $p \geq 2$, d'identifier $H^p_*(\Omega^p_s)$ et $H^{p-1}(\mathcal{V}, \Omega^p_s)$.

Considérons maintenant la $(p-1)$-cochaîne $c_* \in C^{p-1}(\mathcal{V}, \Omega^p_s)$ qui est définie par :

$$c_*(\ell_1, \dots, \ell_p)(x,y) = \sum_{j=1}^{k} \bigwedge_{i=1}^{p} \frac{d[\ell_i(y-x)]}{\ell_i(y-x_j)}$$

où l'on à supposer que $q(x_1,\dots,x_k) = x$.

LEMME 3. - La cochaîne c_* définie ci-dessus est un cocycle.

Démonstration. - Nous avons donc à montrer que si $\ell_0,\dots,\ell_p$ sont des éléments de $(C^p)^*$, l'élément de $H^0(V_{\ell_0} \cap \dots \cap V_{\ell_i}, \Omega^p_s)$ qui est donné par :

$$(\delta\, c_*)\,(\ell_0,\dots,\ell_p) = \sum_{i=0}^{p} (-1)^i\; c_*\,(\ell_0,\dots,\hat{i}\dots,\ell_p)$$

est nul. Comme le sous-espace vectoriel de $(C^p)^*$ engendré par $\ell_0,\dots,\ell_p$ est de dimension au plus p , nous pouvons toujours supposer que l'on a

$$\ell_0 = \sum_1^p a_i\, \ell_i$$

où $a_1,\dots,a_p$ sont des scalaires. Explicitons :

$$(\delta\, c_*)\,(\ell_0,\dots,\ell_p)\,(x,y) = c_*\,(\ell_1,\dots,\ell_p)\,(x,y) + A(x,y)$$

où

$$A(x,y) = \sum_{i=1}^{p} (-1)^i \sum_{j=1}^{k} \frac{d[\ell_0(y-x)]}{\ell_0(y-x_j)} \wedge\dots\, \hat{i} \,\dots\wedge \frac{d[\ell_p(y-x_j)]}{\ell_p(y-x_j)}$$

et comme on a

$$d\ell_0 = \sum_1^p a_i . d\ell_i \quad ,$$

$$A(x,y) = -\sum_{i=1}^{p} \sum_{j=1}^{k} \frac{a_i\; \ell_i(y-x)}{\ell_0(y-x_j)} \; \frac{d[\ell_1(y-x_j)]}{\ell_1(y-x_j)} \wedge\dots\wedge \frac{d[\ell_p(y-x_j)]}{\ell_p(y-x_j)}$$

ce qui donne, en sommant d'abord en i et en réutilisant la relation $\ell_0 = \sum_1^p a_i\, \ell_i$ que $A(x,y) = -(c_*)\;(\ell_1,\dots,\ell_p)\;(x,y)$ ce qui achève la démonstration.

DEFINITION 2. - Nous appellerons classe fondamentale (généralisée) de $\mathrm{Sym}^k(C^p) * C^p$ dans $\mathrm{Sym}^k(C^p) \times C^p$ l'élément de $H^p_*(\Omega^p_s)$ défini par le cocycle c_* considéré ci-dessus.

Montrons maintenant que la définition 2 est compatible avec la définition 1.

LEMME 4. - <u>La restriction de $c_{\divideontimes}$ à l'ouvert des points réguliers de</u> $\mathrm{Sym}^k(\mathbb{C}^p) \times \mathbb{C}^p$ <u>est la classe fondamentale de la sous-variété de cet ouvert définie par</u> $\mathrm{Sym}^k(\mathbb{C}^p) \divideontimes \mathbb{C}^p$.

<u>Démonstration.</u> - Nous allons travailler en géométrie analytique (ce qui implique le résultat algébrique). Commençons par préciser que x dans $\mathrm{Sym}^k(\mathbb{C}^p)$ est régulier dès que $x = q(x_1,\dots,x_k)$ où les vecteurs $x_1,\dots,x_k$ de $\mathbb{C}^p$ sont deux à deux distincts.

Soit donc $x^o = q(x_1^o,\dots,x_k^o)$ un point régulier de $\mathrm{Sym}^k(\mathbb{C}^p)$ et prouvons le résultat au voisinage du point (x^o,x_1^o) de $\mathrm{Sym}^k(\mathbb{C}^p) \divideontimes \mathbb{C}^p$.

Choisissons alors une base $\ell_1,\dots,\ell_p$ de $(\mathbb{C}^p)^*$ telle que l'on ait $\ell_i(x_j^o - x_1^o) \neq 0$ pour $j \in (2,k)$ et $i \in (1,p)$. Soit U un voisinage ouvert de Stein de x^o dans $\mathrm{Sym}^k(\mathbb{C}^p)$ tel que la projection sur U de $\mathrm{Sym}^k(\mathbb{C}^p) \divideontimes \mathbb{C}^p \cap (U \times \mathbb{C}^p)$ soit un revêtement trivial à k feuillets ; notons par $f_1,\dots,f_k$ les applications analytiques de U dans $\mathbb{C}^p$ dont les graphes sont les feuilles de ce revêtement, et supposons que l'on a $f_i(x^o) = x_i^o$ pour chaque $i \in (1,k)$. Quitte à choisir U assez petit, on peut trouver un polydisque ouvert B de $\mathbb{C}^p$ de centre x_1^o de manière à vérifier :

$$U \times B - \mathrm{Sym}^k(\mathbb{C}^p) \divideontimes \mathbb{C}^p = \Big(\bigcup_{i=1}^{p} V_{\ell_i}\Big) \cap (U \times B) \quad .$$

Comme $U \times B$ est de Stein et $p \geq 2$, on a un isomorphisme entre $H^p_{\divideontimes}(U \times B, \Omega^p)$ et $H^{p-1}(\mathcal{U}, \Omega^p)$ où $\mathcal{U}$ désigne le recouvrement de $U \times B - \mathrm{Sym}^k(\mathbb{C}^p) \divideontimes \mathbb{C}^p$ par les ouverts de Stein $V_{\ell_i} \cap (U \times B) = \mathcal{U}_i$ pour $i \in (1,p)$.

La restriction de $c_{\divideontimes}$ à $U \times B$ est alors donnée par le $(p-1)$ - cocycle (comme il n'y a que p ouverts dans le recouvrement $\mathcal{U}$, un $(p-1)$ - cocycle est seulement un élément de $H^o(\bigcap_{i=1}^{p} \mathcal{U}_i, \Omega^p)$

$$\bar{c}_{\divideontimes}(x,y) = \sum_{j=1}^{k} \bigwedge_{i=1}^{p} \frac{d[\ell_i(y-f_j(x))]}{\ell_i(y-f_j(x))} \quad .$$

Mais d'autre part, pour U et B assez petits, le choix de la base $\ell_1,\dots,\ell_p$ permet de supposer que $\ell_i(y-f_j(x))$ ne s'annule pas sur $U \times B$ pour

$j \in (2,k)$, ce qui montre que $\bar{c}_{*}$ est cohomologue au cocycle :

$$\bar{c}_{*}^{1}(x,y) = \bigwedge_{i=1}^{p} \frac{d[\ell_i(y-f_1(x))]}{\ell_i(y-f_1(x))} .$$

Il suffit alors de constater que l'application analytique de $U \times B$ dans $\mathbb{C}^p$ définie par les fonctions analytiques $\ell_i(y-f_1(x))$ donne des coordonnées normales sur $\mathrm{Sym}^k(\mathbb{C}^p) * \mathbb{C}^p \cap (U \times B)$ ce qui est clair.

C) Formes de Newton.

Nous nous proposons maintenant d'étudier les faisceaux ω_s^m et en particulier d'exhiber des sections globales qui les engendrent au voisinage de chaque point.

DEFINITION 3. - Soit U un ouvert de $\mathrm{Sym}^k(\mathbb{C}^p)$, et soit $w \in H^o(U,\omega_s^m)$. Nous dirons que w est de Newton s'il existe une forme différentielle v sur l'ouvert :

$$p(U) = \{x \in \mathbb{C}^p / \exists\ x_2,\dots,x_k \in \mathbb{C}^p \quad \text{avec} \quad q(x,x_2,\dots,x_k) \in U\}$$

de $\mathbb{C}^p$ vérifiant $\sum_{j=1}^{k} p_j^*(v) = w$ où p_j désigne la j-ième projection de $(\mathbb{C}^p)^k$ sur $\mathbb{C}^p$.

Nous noterons par N_m le sous-faisceau algébrique de ω_s^m qui est engendré par les formes de Newton de degré m .

Remarquons que la propriété d'être de Newton pour une section de ω_s^m est locale, puisque l'application $v \to \sum_{j=1}^{k} p_j^*(v)$ est injective.

LEMME 5. - Pour chaque entier m , le faisceau N_m est algébrique cohérent sur $\mathrm{Sym}^k(\mathbb{C}^p)$.

Démonstration. - Nous allons montrer que si $a \in \mathbb{N}^p$ vérifie $|a| \leq k-1$ et si I est une partie ordonnée à m éléments $(m \leq p)$ de $(1,p)$ les formes de Newton globales $w_{a,I} = \sum_{j=1} p_j^*(x^a\, dx^I)$ engendrent $H^o(\mathrm{Sym}^k(\mathbb{C}^p),N_m)$ comme module sur l'anneau des fonctions globales sur $\mathrm{Sym}^k(\mathbb{C}^p)$.

Pour chaque entier n , considérons la forme vectorielle (à valeurs dans $S_n(\mathbb{C}^p)$) $W_{n,I}$ dont les composantes dans la base canonique de $S_n(\mathbb{C}^p)$ sont les formes $w_{a,I}$ pour $|a| = n$.

On aura alors pour chaque I fixée et chaque entier $n \geq 0$, les relations de Newton :

$$\sum_{k=o}^{k} (-1)^h s_h(x_1,\dots,x_k)\; W_{n+h,I}(x_1,\dots,x_k) = 0 \quad (\text{avec } s_o = 1)$$

ce qui achève la démonstration.

LEMME 6. - <u>On a les relations de Newton suivantes pour chaque entier</u> $m \geq 1$

$$\omega_s^m = \sum_{i=1}^{m} \omega_s^{m-i} \wedge N_i \quad .$$

<u>Démonstration</u>. - Considérons la forme $r = x_1^{a_1} \dots x_k^{a_k}\; dx_1^{I_1} \wedge\dots\wedge dx_k^{I_k}$ où les a_i sont dans $\mathbb{N}^p$ et les I_i des parties ordonnées de $(1,p)$. Nous dirons que r est de poids n s'il existe exactement $k-n$ valeurs de $i \in (1,p)$ pour lesquelles on a à la fois $|a_i| = 0$ et $I_i = \emptyset$; plus généralement, nous dirons qu'une forme est de poids au plus n si chacun de ses monômes est de poids au plus n . Supposons le résultat vrai pour les formes de poids $n' < n$; pour prouver le résultat pour les formes de poids n , il suffit de montrer que si r est de poids n , sa symétrisée est une section globale du faisceau

$$\sum_1^m \omega_s^{m-i} \wedge N_i \quad .$$

Supposons que x_1 intervient effectivement dans r (ce qui n'est pas restrictif puisque nous ne nous intéressons qu'à la symétrisée de r) et posons :

$$r_1 = x_1^{a_1}\, dx_1^{I_1} \quad \text{et} \quad r' = x_2^{a_2} \dots x_k^{a_k}\; dx_2^{I_2} \wedge\dots\wedge dx_k^{I_k} \quad .$$

Notons par R, R_1 et R' les symétrisées de r, r_1 et r' . On vérifie alors que la forme $(k/k-n+1)\, R_1 \wedge R' - R$ est de poids au plus $n-1$, et d'après notre hypothèse de récurrence, cette forme est une section globale du faisceau $\sum_1^m \omega_s^{m-i} \wedge N_i$. D'autre part, la forme R' nous définit une section globale de

$\omega_s^{m-I_1}$ et la forme R_1 une section globale de $N_{|I_1|}$ ce qui achève la démonstration.

On remarquera que ω_s^o n'est autre que le faisceau structural et que $\omega_s^1 = N_1$.

Le faisceau cohérent $\omega_s^\bullet = \bigoplus_o^\infty \omega_s^m$ sur $Sym^k(\mathbb{C}^p)$ est muni par le produit extérieur d'une structure de faisceau d'algèbres (associatives et anticommutatives graduées) sur le faisceau structural, et les lemmes 5 et 6 montrent qu'en tant que faisceau d'algèbres, $\omega_s^\bullet$ est engendré par les sections globales $w_{a,I}$ pour $|a| \leq k-1$ (elles sont en nombre fini !) .

On remarquera également que ce faisceau $\omega_s^\bullet$ est sans torsion.

D) Existence.

Dans ce qui suit, V désignera une variété analytique (lisse connexe et $f : V \to Sym^k(\mathbb{C}^p)$ une application analytique telle que $f(V)$ ne soit pas contenu dans le lieu singulier de $Sym^k(\mathbb{C}^p)$. Nous noterons par F l'application analytique $f \times id_{\mathbb{C}^p} : V \times \mathbb{C}^p \to Sym^k(\mathbb{C}^p) \times \mathbb{C}^p$, par X le sous-ensemble analytique $F^{-1}(Sym^k(\mathbb{C}^p) \mathbin{\ast} \mathbb{C}^p)$, et par $R(X)$ le sous-ensemble analytique de ramification de X sur V (qui s'identifie à l'image réciproque par f du lieu singulier de $Sym^k(\mathbb{C}^p))$.

PROPOSITION 1. – Dans la situation ci-dessus, il existe un unique morphisme de faisceaux cohérents sur $V \times \mathbb{C}^p$ $T : F^*(\Omega_s) \to \Omega^\bullet_{V \times \mathbb{C}^p}$ rendant commutatif le diagramme

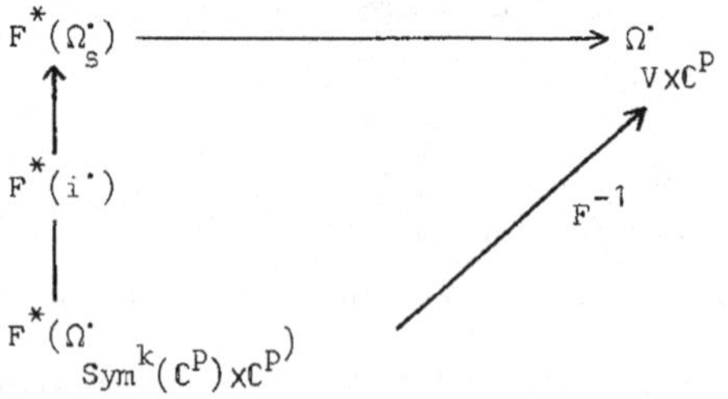

où F^{-1} désigne le morphisme d'image réciproque des formes différentielles. De plus $T^{\cdot}$ respecte les structures d'algèbres graduées.

Démonstration. - Commençons par rappeler que i est un isomorphisme aux points réguliers de $\mathrm{Sym}^k(\mathbb{C}^p) \times \mathbb{C}^p$ ce qui montre que l'unicité de $T^{\cdot}$ est une conséquence immédiate de l'hypothèse faite sur f.

Pour avoir l'existence de $T^{\cdot}$, vu les lemmes 5 et 6 et le fait que le faisceau $\Omega^{\cdot}_{V\times\mathbb{C}^p}$ est localement libre, il suffit de prouver que pour tout $a \in \mathbb{N}^p$ vérifiant $|a| \leq k-1$ et pour toute partie ordonnée I de $(1,p)$, la section de $\Omega^{\cdot}_{V\times\mathbb{C}^p}$ sur l'ouvert $(V - R(X)) \times \mathbb{C}^p$ définie par $F^{-1}(F^*(w_{a,I}/(\mathrm{Sym}^k(\mathbb{C}^p) - \Delta) \times \mathbb{C}^p))$, où Δ désigne le lieu singulier de $\mathrm{Sym}^k(\mathbb{C}^p)$, se prolonge en une section globale de $\Omega^{\cdot}_{V\times\mathbb{C}^p}$.

Ceci est prouvé dans la proposition 1 du chapitre 2 de [B]. Nous allons donner ici une démonstration rapide de ce résultat en utilisant le théorème fondamental de [L] (*).

Notons par π_1 et π_2 les projections de $V \times \mathbb{C}^p$ sur V et $\mathbb{C}^p$; soit $n = \dim_{\mathbb{C}} V$, et notons par $[X]$ le courant d'intégration sur X dans $V \times \mathbb{C}^p$. Si w est une forme différentielle holomorphe de type (q,o) sur $\mathbb{C}^p$, montrons que le courant :

$$\mathfrak{T} = \pi_1^*([X] \wedge \pi_2^*(w))$$

qui est le type (q,o) sur V est d"-fermé ; si φ est une forme différentielle $\mathcal{C}^\infty$ à support compact dans V de type $(n-q,n)$, on a par définition :

$$\mathfrak{T}(\varphi) = \int_X \pi_1^*(\varphi) \wedge \pi_2^*(w) \quad .$$

Si ψ est $\mathcal{C}^\infty$ à support compact sur V, et si $d''\psi = \varphi$, on aura :

(*) Cette démonstration n'est pas de nature analytique (utilisation du $\mathcal{C}^\infty$) et dès que nous voudrons mettre des paramètres, nous serons obligés de revenir à la démonstration de [B] qui ne sort pas du cadre analytique.

$$\mathfrak{J}(\varphi) = \int_X d''(\pi_1^*(\psi) \wedge \pi_2^*(w)) \qquad \text{car} \quad d''w = 0 \quad ,$$

$$\mathfrak{J}(\varphi) = \int_X d(\pi_1^*(\psi) \wedge \pi_2^*(w)) \qquad \text{pour des raisons de type, ce}$$

qui donne $\mathfrak{J}(\varphi) = 0$, car $d[X] = 0$.

Le lemme de Dolbeault-Grothendieck montre alors que le courant $\mathfrak{J}$ est une forme holomorphe de type (q,o) sur V . On vérifie alors facilement que pour $w = x^a \, dx^I$ l'image réciproque sur $V \times \mathbb{C}^p$ de la forme holomorphe ainsi construite est le prolongement analytique cherché, ce qui achève la démonstration.

COROLLAIRE. - Dans les hypothèses de la proposition 1 , la classe fondamentale de X dans $V \times \mathbb{C}^p$ existe et est égale à $T^{\cdot}(F^*(c_{*}))$.

Démonstration. - D'après le A) , il nous suffit de vérifier que la restriction de $T^{\cdot}(F^*(c_{*}))$ au voisinage d'un point régulier de X coïncide avec la classe fondamentale de la sous-variété définie par X au voisinage de ce point. Cette vérification, tout à fait analogue à la démonstration du lemme 4, est laissée au lecteur.

THEOREME 1. - Soit X un cycle analytique de dimension pure n d'une variété analytique Z (lisse) de dimension pure $n+p$. La classe fondamentale c_X^Z de X dans Z existe.

Démonstration. - Il est clair qu'il suffit de prouver le résultat dans le cas où X n'a pas de composantes multiples, car si $X = \sum_{i \in I} n_i X_i$ où les X_i sont des sous-ensembles analytiques irréductibles et deux à deux distincts, on a

$$H^p_{|X|}(Z,\Omega^p) \xrightarrow{\sim} \prod_{i \in I} H^p_{X_i}(Z,\Omega^p) \qquad \text{étant donné que pour } i \neq j$$

on a :

$$\underline{H}^p_{X_i \cap X_j}(\Omega^p) = 0$$

puisque $X_1 \cap X_j$ est de codimension au moins $p+1$; si pour tout $i \in I$, la classe fondamentale $c_{X_i}^Z$ existe, la classe fondamentale de X existe et vaut :

$$c_X^Z = \sum_{i \in I} n_i \, c_{X_i}^Z$$

(somme localement finie).

Le problème de l'existence de c_X^Z étant local au voisinage de X , on se ramène au corollaire de la proposition 1 en présentant localement X comme revêtement ramifié d'un polydisque de $\mathbb{C}^n$ (voir les "écailles adaptées" introduites dans [B] , chapitre 1, §1) et en utilisant la proposition 3 du chapitre 0, §3 de [B] (classification des revêtements ramifiés).

§ 2. - LA CLASSE FONDAMENTALE D'UNE FAMILLE ANALYTIQUE DE CYCLES.

A) Traces relatives.

Soit Z une variété analytique de dimension pure $n+p$, soit S un espace analytique de dimension finie et soit π_Z et π_S les projections de $S \times Z$ sur Z et S respectivement.

Considérons la résolution de Dolbeault

$$0 \longrightarrow \Omega_Z^{n+p} \longrightarrow \underline{A}_Z^{n+p,o} \xrightarrow{d''} \dots \longrightarrow \underline{A}_Z^{n+p,n+p} \longrightarrow 0 \quad .$$

Si U est un ouvert de S , on obtient par tensorisation par $\mathcal{O}(U)$ la résolution

$$\mathbb{C}^\cdot(U) : 0 \longrightarrow \Omega_Z^{n+p} \hat{\otimes}_{\mathbb{C}} \mathcal{O}(U) \longrightarrow \underline{A}_Z^{n+p,o} \hat{\otimes}_{\mathbb{C}} \mathcal{O}(U) \longrightarrow \dots \longrightarrow \underline{A}_Z^{n+p,n+p} \hat{\otimes}_{\mathbb{C}} \mathcal{O}(U) \longrightarrow 0$$

de $\Omega_Z^{n+p} \hat{\otimes}_{\mathbb{C}} \mathcal{O}(U) = (\pi_U)_* \ (\Omega_{/S}^{n+p})$ où $\pi_U : Z \dashrightarrow Z$ est la projection et où $\Omega_{/S}^{n+p}$ désigne le faisceau des formes S- relatives de degré maximum sur Z . On en déduit que $H_c^{n+p}((\pi_U)_* \ (\Omega_{/S}^{n+p}))$ est isomorphe à $H_{n+p}(H_c^o(\mathbb{C}(U)))$.

Si K/S désigne la famille des fermés S- propres de $S \times Z$, le faisceau $R^{n+p} \ \pi_S \, !$ associé au préfaisceau $U \to H_c^{n+p}((\pi_U)_* \ (\Omega_S^{n+p}))$ est donné par $R^{n+p} \ \pi_S \, ! \ (U) = H_{K/S}^{n+p}(U \times Z \ , \ \Omega_{/S}^{n+p})$ pour U de Stein. La trace $H_c^o(\underline{A}_Z^{n+p,n+p}) \to H_c^{n+p}(Z, \Omega^{n+p}) \to \mathbb{C}$ tensorisée par $id_{\mathcal{O}_S}$ donne une morphisme de faisceaux sur S :

$$Tr_{/S} : R^{n+p} \ \pi_S \, ! \ \Omega_{/S}^{n+p} \to \mathcal{O}_S$$

qui est fonctoriel en S et que nous appellerons la trace relative.

B) Classe fondamentale relative.

Nous supposerons maintenant l'espace analytique S réduit. Nous ne considérerons que les familles de cycles de dimension pure n de Z paramètres par S vérifiant la propriété suivante :

Le graphe de la famille $(X(s))_{s\in S}$, c'est-à-dire le sous-ensemble $\bigcup_{s\in S} |X(s)|$ de $S\times Z$, est analytique fermé : nous le noterons par X .

On remarquera que si $(X(s))_{s\in S}$ est une famille analytique locale (voir [B], chapitre 4, §1) de cycles de Z paramétrée par S , cette condition est satisfaite (voir [B], chapitre 1, §2) .

DEFINITION 1. - Soit $(X(s))_{s\in S}$ une famille de cycle de dimension pure n de Z paramétrée par S ; nous dirons que l'élément c de $H^p_X(S\times Z, \Omega^p_{/S})$ est une classe fondamentale relative pour la famille $(X(s))_{s\in S}$ si pour chaque s de S , l'élément :

$$j_s^*(c) \quad \text{de} \quad H^p_{|X(s)|}(Z,\Omega^p_Z)$$

où $j_s : Z \to S\times Z$ désigne l'injection définie par $j_s(z) = (s,z)$, coïncide avec la classe fondamentale du cycle X(s) de Z .

LEMME 1. - Dans la situation de la définition 1 , si une classe fondamentale relative existe pour la famille $(X(s))_{s\in S}$, elle est unique.

Démonstration. - Comme le faisceau Ω^p_S est localement libre sur $S\times Z$, on a $\mathrm{prof}_X(\Omega^p_{/S}) \geq p$, ce qui montre que $H^p_X(S\times Z, \Omega^p_{/S})$ s'identifie à l'espace $H^o(S\times Z, \underline{H}^p_X(\Omega^p_{/S}))$. Le problème est donc local sur $S\times Z$.

Si X_o est un cycle de dimension pure n de Z , montrons que la classe fondamentale relative pour la famille constante égale à X_o existe et est unique. L'image directe sur S du faisceau $\underline{H}^p_X(\Omega^p_{/S})$ s'identifie au faisceau $O_S \hat{\otimes}_{\mathbb{C}} H^p_{X_o}(Z, \Omega^p_Z)$, et comme S est réduit, une section de ce faisceau est déterminée par ses valeurs en chaque point de S , ce qui prouve l'unicité. D'autre part, il est clair que la section globale $1 \otimes c^Z_{X_o}$ est une classe fondamentale relative pour cette famille.

Dans le cas général, si $(s,z) \in X$ vérifie :

a) s est un point lisse de S

b) (s,z) est un point lisse de X

c) la projection de X sur S est submersive en (s,z) .

Le théorème des fonctions implicites permet de se ramener au cas ci-dessus au voisinage de (s,z) .

Si Y désigne le sous-ensemble analytique fermé d'intérieur vide dans X des points ne vérifiant pas a), b) et c) , notons par S' le sous-ensemble analytique fermé d'intérieur vide de S formé des points s tels que $Y \cap \{s\} \times Z$ ne soit pas d'intérieur vide dans $|X(s)|$. Comme on a $\mathrm{prof}_Y(\Omega^p_{/S}) \geq p+1$ sur $(S-S') \times Z$, on a $\underline{H}^p_Y(\Omega^p_{/S}) = 0$ sur $(S-S') \times Z$ ce qui montre que la différence de deux classes fondamentales relatives pour la famille $(X(s))_{s\in S}$ est l'image dans $H^p_X(S \times Z, \Omega^p_{/S})$ d'un élément de

$$H^p_{X'}(S' \times Z, \Omega^p_{/S}) \quad \text{où} \quad X' = X \cap (S' \times Z) .$$

Mais comme la définition d'une classe fondamentale relative est stable par changement de base, cet élément de $H^p_{X'}(S' \times Z, \Omega^p_{/S'})$ est la différence de deux classes fondamentales relatives de la famille $(X(s))_{s\in S'}$ et par récurrence sur la dimension de l'espace de paramètres, cet élément est nul, ce qui achève la démonstration.

Nous allons montrer maintenant que l'on peut se contenter de considérer des espaces de paramètres irréductibles.

LEMME 2. - <u>Supposons que</u> $S = S' \cup S''$ <u>où</u> S <u>et</u> S'' <u>sont deux fermés analytiques de</u> S <u>et que les familles</u> $(X(s))_{s\in S'}$ <u>et</u> $(X(s))_{s\in S'}$ <u>obtenues par images réciproques de la famille</u> $(X(s))_{s\in S}$, <u>admettent des classes fondamentales relatives</u>.

Alors la famille $(X(s))_{s\in S}$ admet une classe fondamentale relative.

<u>Démonstration</u>. - Si X' (resp. X'') désigne le sous-ensemble analytique fermé $(S' \times Z) \cap X$ (resp. $(S'' \times Z) \cap X$) de $S' \times Z$ (resp. de $S'' \times Z$) la suite exacte de Mayer-Vietoris donne :

$$0 \longrightarrow H^p_X(\Omega^p_{/S}) \longrightarrow H^p_{X'}(\Omega^p_{/S}) \oplus H^p_{X''}(\Omega^p_{/S}) \longrightarrow H^p_{X'\cap X''}(\Omega^p_{/S})$$

où la première flèche est la somme directe des restrictions et la seconde la différence des restrictions. Si c' et c'' sont les classes fondamentales relatives des familles $(X(s))_{s\in S'}$ et $(X(s))_{s\in S''}$; les restrictions de c' et c'' dans $H^p_{X'\cap X''}(\Omega^p_{/S})$ sont des classes fondamentales relatives pour la famille $(X(s))_{s\in S'\cap S''}$ car la définition 1 est stable par changement de base. On en déduit que l'image de $c'\oplus c''$ dans $H^p_{X'\cap X''}(\Omega^p_{/S})$ est nulle, d'après le lemme 1, et comme la suite est exacte, il existe un élément $c\in H^p_X(\Omega^p_{/S})$ dont l'image par la première flèche est $c'\oplus c''$. On vérifie alors facilement que c est la classe fondamentale relative de la famille $(X(s))_{s\in S}$.

C) Stratification de $\mathrm{Sym}^k(\mathbb{C}^p)$.

Soit $(x_1,\dots,x_k) \in (\mathbb{C}^p)^k$ et considérons le polynôme unitaire à coefficients dans l'algèbre symétrique de $\mathbb{C}^p$:

$$D(x_1,\dots,x_k)\,[T] = \prod_{i<j} (T^2 - (x_i - x_j)^2) \quad .$$

Le coefficient de T^{2h} dans ce polynôme définit une application algébrique de $(\mathbb{C}^p)^k$ dans $S_{k(k-1)-2h}(\mathbb{C}^p)$ qui est invariante par l'action du groupe σ_k et définit donc une application algébrique :

$$D_h : \mathrm{Sym}^k(\mathbb{C}^p) \longrightarrow S_{k(k-1)-2h}(\mathbb{C}^p) \ .$$

DEFINITION 2. - Si $x\in \mathrm{Sym}^k(\mathbb{C}^p)$, nous appellerons polynôme discriminant de x le polynôme :

$$D(x,T) = \sum_{0}^{k(k-1)/2} (-1)^h \, D_h(x).T^{2h} \ .$$

Nous appellerons multiplicité de x , notée $\mathrm{mult}(x)$, l'entier défini par $2.\mathrm{mult}(x) = \mathrm{val}(D(x,T))$, où le second membre est la valuation en T du polynôme $D(x,T)$.

On remarquera que si $x = \sum_1^h n_i x_i$ où $x_1,\dots,x_h$ sont des points deux à deux distincts de $\mathbb{C}^p$ et $n_1,\dots,n_h$ des entiers de somme k, on a $\mathrm{mult}(x) = \sum_1^h n_i(n_i-1)/2$.

On remarquera également que D_o s'identifie à l'application discriminant que l'on a définie dans [B], chapitre 1, §3.

Si h est un entier, nous noterons par M_h la sous-variété algébrique fermée de $\mathrm{Sym}^k(\mathbb{C}^p)$ définie par :

$$M_h = \{x \in \mathrm{Sym}^k(\mathbb{C}^p) \,/\, \mathrm{mult}(x) \geq h\} .$$

LEMME 3. - Pour chaque entier h, le sous-ensemble analytique localement fermé $M_h - M_{h+1}$ est sans singularités ; ses composantes connexes sont en bijection avec les suites d'entiers positifs (strictement) $n_1,\dots,n_i$ qui vérifient :

$$k = \sum_1^i n_j \quad \text{et} \quad h = \sum_1^i n_j(n_j-1)/2 \quad .$$

Démonstration. - Si $x^o \in M_h - M_{h+1}$, on peut, par définition, écrire :

$$x^o = \sum_{j=1}^i n_j . x_j^o$$

où les entiers strictement positifs $n_1,\dots,n_i$ vérifient les conditions de l'énoncé, et où $x_1^o,\dots,x_i^o$ sont des points deux à deux distincts de $\mathbb{C}^p$. L'application d'addition :

$$\prod_{j=1}^i \mathrm{Sym}^{n_j}(\mathbb{C}^p) \longrightarrow \mathrm{Sym}^k(\mathbb{C}^p)$$

qui est induite par l'isomorphisme "évident" de $\prod_{j=1}^i (\mathbb{C}^p)^{n_j}$ sur $(\mathbb{C}^p)^k$, est un homéomorphisme analytique d'un voisinage ouvert de $(n_1 x_1^o,\dots,n_i x_i^o)$ dans $\prod_{j=1}^i \mathrm{Sym}^{n_j}(\mathbb{C}^p)$ sur un voisinage ouvert de x^o dans $\mathrm{Sym}^k(\mathbb{C}^p)$; comme $\mathrm{Sym}^k(\mathbb{C}^p)$ est normal, c'est un isomorphisme local. L'image réciproque de $M_h - M_{h+1}$ s'identifie localement au produit des diagonales des $\mathrm{Sym}^{n_j}(\mathbb{C}^p)$ (la diagonale de $\mathrm{Sym}^n(\mathbb{C}^p)$ s'identifie à la strate $M_{n(n-1)/2}$). Comme chacune de ces diagonales est isomorphe à $\mathbb{C}^p$, on obtient que $M_h - M_{h+1}$ est lisse. La classification des composantes connexes est facile.

Si S est un espace analytique réduit et irréductible, et si $f : S \to \mathrm{Sym}^k(\mathbb{C}^p)$ est analytique, considérons le plus grand entier h tel que l'on ait $f(S) \subseteq M_h$. Alors $S' = f^{-1}(M_{h+1})$ est fermé et d'intérieur vide dans S , et puisque S est irréductible, il existe une unique composante connexe de $M_h - M_{h+1}$ contenant $f(S - S')$; nous l'appellerons la composante générique de f . On remarquera que si S est un polydisque de $\mathbb{C}^n$, et si X désigne le revêtement ramifié associé à l'application f , S' s'identifie à l'ensemble de ramification du support de X .

LEMME 4. - Soit h un entier, soit C une composante connexe de $M_h - M_{h+1}$ et notons par $j : C \to \mathrm{Sym}^k(\mathbb{C}^p)$ l'inclusion, et par I le faisceau d'idéaux définissant l'adhérence de C (réduite) dans $\mathrm{Sym}^k(\mathbb{C}^p)$. Le morphisme de

$$i' : \Omega^{\cdot}_{\mathrm{Sym}^k(\mathbb{C}^p)} \longrightarrow \omega^{\cdot}_s$$

définit par passage au quotient, le morphisme de faisceaux d'algèbres graduées :

$$\bar{i}^{\cdot} : \Omega^{\cdot}/(I\Omega^{\cdot} + dI \wedge \Omega^{\cdot}) \longrightarrow \omega^{\cdot}_s(C)$$

où $\omega^{\cdot}_s(C)$ désigne le faisceau sur $\bar{C}$ des formes différentielles symétriques sur $q^{-1}(\bar{C})$ (ici q désigne l'application quotient de $(\mathbb{C}^p)^k$ sur $\mathrm{Sym}^k(\mathbb{C}^p)$) .

Alors $j^*(\bar{i})$ est un épimorphisme.

Démonstration. - Commençons par préciser que l'adhérence de C n'est autre que l'image du morphisme d'addition considéré dans la démonstration du lemme 3. On remarquera d'autre part que le faisceau d'algèbres graduées $j^*(\Omega^{\cdot}/(I\Omega^{\cdot} + dI \wedge \Omega^{\cdot})$ s'identifie au faisceau des formes différentielles sur C .

Localement sur C on peut trouver des applications analytiques $f_1, \dots, f_i$ à valeurs dans $\mathbb{C}^p$ telles que l'on ait :

$$x = \sum_{j=1}^{i} n_j \, f_j(x)$$

où les entiers $n_1, \dots, n_i$ caractérisent $\mathbf{C}$, et où les points $f_1(x), \dots, f_i(x)$ sont deux à deux distincts. Notons par f une des applications de $\mathbf{C}$ dans $(\mathbb{C}^p)^k$ construite en faisant le produit de f_1 n_1-fois, f_2 n_2-fois,...,f_i n_i-fois. On obtient ainsi un relèvement local du revêtement :

$$q : q^{-1}(\mathbf{C}) \longrightarrow \mathbf{C} \ .$$

Dans ces conditions, la restriction à $q^{-1}(\mathbf{C})$ de la forme de Newton $w_{a,I}$ coïncide vers $\bar{I}^{\cdot}(f^*(w_{a,I}))$, ce qui donne le résultat cherché d'après les lemmes 5 et 6 du § 1 .

Nous noterons par $\Omega_s^{\cdot}(\mathbf{C})$ le faisceau sur $\bar{\mathbf{C}} \times \mathbb{C}^p$ défini par :

$$\Omega_s^{\cdot}(\mathbf{C}) = p_1^*(\omega_s^{\cdot}(\mathbf{C})) \otimes p_2^*(\Omega^{\cdot})$$

où p_1 et p_2 sont les projections sur $\bar{\mathbf{C}}$ et $\mathbb{C}^p$.

D) Existence.

Commençons par montrer que la proposition 1 du § 1 ainsi que son corollaire se généralise au cas où l'on a plus l'hypothèse "$f(V)$ non contenu dans le lieu singulier de $\mathrm{Sym}^k(\mathbb{C}^p)$ " .

PROPOSITION 1. - Soit V une variété analytique (lisse) connexe, et soit

$$f : V \to \mathrm{Sym}^k(\mathbb{C}^p) \ .$$

Une application analytique dont la composante générique sera notée $\mathbf{C}$. Nous noterons par X le cycle de $V \times \mathbb{C}^p$ sous-jacent au revêtement ramifié de degré k de V contenu dans $V \times \mathbb{C}^p$ qui est associé à f . Notons $F = f \times \mathrm{id}_{\mathbb{C}^p}$.

Il existe un unique morphisme de faisceau d'algèbres graduées cohérentes sur $V \times \mathbb{C}^p$ rendant commutatif le diagramme :

$$
\begin{array}{ccccc}
F^*(\Omega^\cdot_S) & \longrightarrow & F^*(\Omega^\cdot_S(\mathbb{C})) & \xrightarrow{\;T^\cdot\;} & \\
\uparrow{\scriptstyle F^*(i^\cdot)} & & \uparrow{\scriptstyle F^*(\bar{i}^\cdot)} & & \Omega^\cdot_{V\times\mathbb{C}^p} \\
F^*(\Omega^\cdot_{\mathrm{Sym}^k(\mathbb{C}^p)\times(\mathbb{C}^p)}) & \longrightarrow & F^*(\Omega^\cdot_{\bar{\mathbb{C}}\times\mathbb{C}^p}) & \xrightarrow{\;F^{-1}\;} &
\end{array}
$$

où F^{-1} désigne le morphisme d'image réciproque des formes différentielles. Notons encore par $T^\cdot$ le morphisme composé $F^*(\Omega^\cdot_S) \to \Omega^\cdot_{V\times\mathbb{C}^p}$. On a alors

i) $T^\cdot(W_{m,I}) = T^I_m(f)$ désigne la forme différentielle sur V (vectorielle à valeurs dans $S_m(\mathbb{C}^p)$) qui est localement définie sur $V - R(|X|)$:

$$T^I_m(f) = \sum_{j=1}^{k} (df_j)^I \otimes f^m_j$$

où les $(f_j)_{j\in(1,k)}$ désignent les branches locales du revêtement ramifié défini par f.

ii) La classe fondamentale du cycle X de $V\times\mathbb{C}^p$ est égale à $T^\cdot(F^*(c_{\mathbf{*}}))$.

<u>Démonstration</u>. - L'unicité de $T^\cdot$ est une conséquence immédiate du lemme 4 ; la démonstration des autres assertions a déjà été donnée dans la proposition 1 du §1 et son corollaire.

THEOREME 2. - <u>Soit</u> Z <u>une variété analytique de dimension pure</u> $n+p$, <u>et soit</u> $(X(s))_{s\in S}$ <u>une famille analytique locale de cycles de dimension pure</u> n <u>de</u> Z <u>paramétrée par un espace analytique réduit</u> S (voir [B], ch. 4, §1). <u>Il existe alors une (unique) classe fondamentale relative pour cette famille.</u>

<u>Démonstration</u>. - Etant donné que la notion de famille analytique locale de cycles est stable par image réciproque, le lemme 2 nous permet de supposer que S est irréductible. Le problème étant d'autre part local sur $S\times Z$, nous sommes ramenés

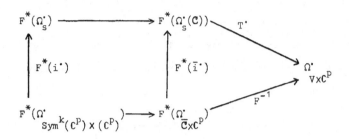

au cas où $Z = U \times B$ où U et B sont des polydisques de $\mathbb{C}^n$ et $\mathbb{C}^p$ respectivement et où la famille $(X(s))_{s\in S}$ est définie par le morphisme <u>isotrope</u>

$$f : S \times U \to \mathrm{Sym}^k(B) \qquad \text{(voir [B], ch. 2 , §3) .}$$

Soit $\mathbf{C}$ la composante générique de f ; si f_s désigne la restriction de f à $\{s\} \times U$, la composante générique de f_s est aussi $\mathbf{C}$ génériquement sur S. La définition même de l'isotropie (qui équivaut au prolongement analytique sur $S \times U$ des formes S-relatives données par les $T^I_m(f_s))$ montre l'existence d'un morphisme de faisceaux d'algèbres $T^{\cdot}_{/S}$ rendant commutatif le diagramme :

$$\begin{array}{ccccc}
F^*(\Omega^{\cdot}_s) & \longrightarrow & F^*(\Omega^{\cdot}_s(\mathbf{C})) & \xrightarrow{\;T^{\cdot}_{/S}\;} & \\
\uparrow {\scriptstyle F^*(i^{\cdot})} & & \uparrow {\scriptstyle F^*(\bar{i}^{\cdot})} & & \Omega^{\cdot}_{S\times Z/S} \\
F^*(\Omega^{\cdot}_{\mathrm{Sym}^k(\mathbb{C}^p)\times\mathbb{C}^p}) & \longrightarrow & F(\Omega^{\cdot}_{\bar{\mathbf{C}}\times\mathbb{C}^p}) & \xrightarrow{\;F^{-1}_{/S}\;} &
\end{array}$$

où $F = f \times id_{\mathbb{C}^p}$, et où $F^{-1}_{/S}$ désigne le morphisme d'image réciproque des formes différentielles S-relatives.

Notons encore par $T^{\cdot}_{/S}$ le morphisme composé $F^*(\Omega^{\cdot}_s) \to \Omega^{\cdot}_{/S}$; il résulte alors immédiatement de la proposition 1 précédente que $T^{\cdot}_{/S}(F^*(c_*))$ est la classe fondamentale relative cherchée.

E) <u>Réciproque</u>.

Nous avons en vue d'établir la réciproque du théorème 2 ; la démonstration va essentiellement se ramener au lemme suivant :

LEMME 5. - <u>Soit</u> X <u>un cycle de dimension pure</u> n <u>de la variété analytique</u> Z <u>de dimension pure</u> $n+p$; <u>notons par</u> c^Z_X <u>sa classe fondamentale. Soit</u> Y <u>une sous-variété analytique (lisse) de dimension pure</u> p <u>de</u> Z <u>telle que</u> $|X| \cap Y$ <u>soit fini.</u>

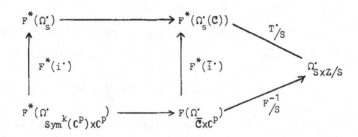

Supposons que $X \cap Y \in \mathrm{Sym}^k(Z)$ corresponde au k-uplet $(z_1,\dots,z_k)$. Soit $f : Z \to \mathbb{C}$ une fonction analytique ; on a alors

$$\mathrm{Tr}(f.c_X^Z \cup c_Y^Z)) = \sum_{i=1}^{k} f(z_i)$$

où c_Y^Z désigne la classe fondamentale de Y dans Z, $c_Y^Z \cup c_Y^Z$ l'élément de $H^{n+p}_{|X|\cap Y}(Z,\Omega_Z^{n+p})$ défini par cup-produit, et Tr désigne la trace absolue (voir le A)).

<u>Démonstration.</u> - Le problème est local sur $|X| \cap Y$ et l'on peut supposer que $Z = S \times Y$ où S est une variété analytique (lisse) de dimension pure n telle que X soit S-propre et fini (de degré k).

La famille triviale $(\{s\}\times Y)_{s\in S}$ admet une classe fondamentale S-relative, soit $c^Z_{Y/S}$, et il nous suffit de prouver que l'on a :

$$\mathrm{Tr}_S(f.(c_X^Z \cup c^Z_{Y/S})(s) = \sum_{i=1}^{k} f(z_i(s)) \qquad \forall\, s \in S$$

où $(z_1(s),\dots,z_k(s))$ désigne l'intersection $X \cap \{s\}\times Y$ (comme élément de $\mathrm{Sym}^k(Z)$ voir par exemple [B], ch. 6) .

Comme les deux membres sont des fonctions analytiques de s, il nous suffit de montrer que l'égalité a lieu génériquement sur S. Ceci nous permet de nous ramener au cas où $|X|$ et Y sont lisses et transverses en leurs points d'intersection ; dans ce cas, on se ramène, en travaillant en "Cech" à la formule de Cauchy dans $\mathbb{C}^{n+p}$.

C.Q.F.D.

THEOREME 2'. - <u>Soit Z une variété analytique de dimension pure $n+p$; soit $(X(s))_{s\in S}$ une famille de cycle de Z de dimension pure n, paramétrée par un espace analytique fermé de $S\times Z$. Si cette famille admet une classe fondamentale relative, elle est analytique locale.</u>

<u>Démonstration.</u> - Nous allons utiliser ici la caractérisation des familles analytiques locales de cycles données dans [B], ch. 6, §2 , prop. 3. Comme nous

supposons X fermé la condition i) est satisfaite ; la condition ii) est une conséquence immédiate du lemme 5 en utilisant le cup-produit et la trace relative.

F) Applications.

Les théorèmes 6 et 10 de [B] montrent que l'existence d'une classe fondamentale relative est stable par image directe propre et intersections. Le théorème 8 de [B] se reformule comme suit.

THEOREME 3. - Soit Z une variété analytique (lisse) de dimension pure $n+p$ et soit S un espace analytique réduit. Soit $X \subset S \times Z$ un sous-espace analytique S plat, S-propre et de S-dimension relative pure p. Alors X admet une classe fondamentale relative dans $H^p_{|X|}(S \times Z, \Omega^{n+p}_{/S})$.

Nous allons montrer d'autre part que le résultat obtenu ici permet de généraliser le théorème 12 de [B] (intégration de classes de cohomologies) au cas où Z est une variété analytique (lisse) quelconque.

THEOREME 4. - Soit Z une variété analytique (lisse) de dimension pure $n+p$; soit $(X_s)_{s\in S}$ une famille analytique de cycle de Z de dimension pure n, paramétrée par un espace anlytique réduit S. Désignons par $K(X)$ la famille des fermés de $S \times Z$ dont la trace sur le graphe X de la famille $(X_s)_{s\in S}$ est S-propre.

On a alors une application linéaire continue :

$$I : H^n_{K(X)}(S \times Z, \Omega^n_S) \to O(S)$$

qui est donnée par intégration sur les fibres.

Démonstration. - Notons par $c^Z_{X/S} \in H^p_X(S \times Z, \Omega^p_S)$ la classe fondamentale relative de la famille $(X_s)_{s\in S}$; le cup-produit par $c^Z_{X/S}$ défini une application linéaire continue :

$$H^n_{K(X)}(S \times Z, \Omega^n_S) \to H^{n+p}_{K/S}(S \times Z, \Omega^{n+p}_S)$$

où K/S désigne la famille des fermés S - propre de $S \times Z$.

Par composition avec la trace relative construite au A) du §2 :

$$\mathrm{Tr}/S : H^{n+p}_{K/S}(S \times Z, \Omega^{n+p}_{/S}) \to O(S)$$

qui est linéaire continue, on obtient l'application linéaire continue cherchée, car il résulte immédiatement des définitions des classes fondamentales, du cup-produit, et de la trace, que pour chaque $s \in S$ $I(w)(s)$ est donné par intégration sur le cycle X_s d'un représentant de Dolbeault de $w/\{s\} \times Z$.

C.Q.F.D.

Exemple. - Si la famille $(X_s)_{s \in S}$ est propre, par composition avec l'application naturelle d'image réciproque :

$$H^n(Z, \Omega^n) \to H^n(S \times Z, \Omega^n_{/S})$$

(dans ce cas $K(X)$ est la famille de tous les fermés de $S \times Z$) de l'application I construite ci-dessus, résoud le problème de l'intégration des classes de cohomologie dans le cas Z lisse (voir [B] , ch. 7) .

BIBLIOGRAPHIE

[B] Séminaire F. NORGUET 1974-1975, Lecture Notes 482 , Springer-Verlag .

[S.T.] Y.T. SIU et G. TRAUTMANN Gap-sheaves and extension of coherent analytic subsheaves. Lecture Notes 172, Springer-Verlag.

[L] P. LELONG Intégration sur un ensemble analytique complexe. Bull. Soc. Math. n° 85, 1957.

IMAGES DIRECTES DE CYCLES COMPACTS PAR UN MORPHISME ET APPLICATION A L'ESPACE DES CYCLES DES TORES.

par

Frédéric CAMPANA

PREMIERE PARTIE : Images directes de cycles par un morphisme.

INTRODUCTION.

On désigne dans la suite par $f : Z \to Z'$ un morphisme d'espaces analytiques de dimensions finies.

On se propose de généraliser le théorème d'image directe "finie" de [B] Chap. IV, §.2 .

Il est nécessaire pour cela de résoudre deux problèmes :

- d'une part, définir pour tout cycle compact de dimension pure X de Z son image directe $f_*(X)$ par f de manière à satisfaire à certaines conditions exposées au §.1. L'existence d'une telle définition y est montrée : elle consiste à définir l'image directe à l'aide d'une notion de degré, comme dans le cas fini, et cette notion de degré généralisée est la suivante :

si $g : Y \to Y'$ est un morphisme propre, surjectif d'espaces irréductibles le degré de g est le nombre générique sur Y' de composantes irréductibles des fibres de g .

- D'autre part, de montrer que l'image directe par f d'une famille analytique de cycles de Z est une famille analytique de cycles de Z' , dans un sens un peu affaibli.

En fait, on montre le résultat suivant :

THEOREME 1.

Soit $(X_s)_{s \in S}$ une famille analytique de cycles compacts de dimension pure de Z paramétrée par un espace analytique réduit localement irréductible en chacun de ses points S . Il existe alors une unique famille $(X'_s)_{s \in S}$ de cycles de Z' , analytique paramétrée par S , et un unique sous-espace analytique fermé d'intérieur vide de S , noté S' , qui possèdent les propriétés suivantes :

- $f_*(X_s) = X'_s$ si et seulement si s est dans le complémentaire de S'
- $|f_*(X_s)|=|X'_s|$ pour tout s de S .
- si $f_*(X_s) = \sum_{I_s} n_{i_*} .X_i$ et $X'_s = \sum_{I_s} n'_i.X_i$, alors :

$n'_i \leqslant n_{i_*}$ pour tout s de S et tout i de I_s .

La famille analytique de cylces de Z' $(X'_s)_{s \in S}$ est appelée l'image directe régularisée de $(X_s)_{s \in S}$ par f, et est notée $(f_*(X)_s)_{s \in S}$ et non $(f_*(X_s)_{s \in S})$ celle-ci n'étant pas analytique, en général.-

En effet, contrairement à ce qui se passe dans le cas "fini", l'ensemble S' peut être non vide. Ses points sont appelés points non-réguliers de S pour f et X.

Si S n'est pas localement irréductible, il peut se faire qu'il ne soit pas possible de définir l'image directe régularisée par f de $(X_s)_{s \in S}$. Cependant, on montre que §.3, partie A-, qu'il existe toujours une modification minimale au sens des factorisations $p' : S' \longrightarrow S$ de S, dépendant de f et de $(X_s)_{s \in S}$, telle que l'image directe régularisée par f de $(X_{p'(x')})_{x' \in S'}$ soit définie. S' est toujours compris entre S et son normalisé topologique $\widetilde{S}$.

Ceci amène alors à considérer le problème de factorisation des images directes : si $(X_s)_{s \in S}$ est une famille analytique de cycles de Z dont l'image directe régularisée par f est définie, et si $c_X : S \rightarrow C(Z)$ et $c_{f_*(X)} : S \rightarrow C(Z')$ sont les morphismes associés respectivement à cette famille et à son image directe régularisée, alors le diagramme suivant n'est pas commutatif, en général (si $c_X(S)$ est contenu dans le lieu des points non-réguliers de $C_o(Z)$) :

$$\begin{array}{ccc} & S & \\ {\scriptstyle c_X} \swarrow & & \searrow {\scriptstyle c_{f_*(X)}} \\ C_o(Z) & \xrightarrow[f_*^o]{} & C(Z') \end{array}$$

où $C_o(Z)$ est la modification minimale de $C(Z)$ pour f et la famille universelle de cycles de Z, et f_*^o le morphisme associé à l'image directe régularisée par f de la famille universelle de cycles de Z sur $C_o(Z)$.

Ceci suggère d'ajouter encore à $C_o(Z)$ le lieu de ses points non-réguliers pour f et cette famille, puis de recommencer l'opération ; on aboutit alors (Th. 2 du §.3, partie B-) à une solution du problème de factorisation : c'est-à-dire à un triplet $(C_f(Z), p_f, f)$ constitué de deux morphismes $p_f : C_f(Z) \longrightarrow C(Z)$

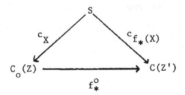

et f_* : $C_f(Z) \longrightarrow C(Z')$ où f_* est le morphisme associé à l'image directe régularisée par f de l'image réciproque par p_f de la famille universelle de cycles de Z sur $C(Z)$, ce triplet jouissant de la propriété universelle suivante :

si $(S, c_X, c_{f_*(X)})$ est un triplet comme ci-dessus, il existe un unique morphisme $c_X^f : S \rightarrow C_f(Z)$ qui rend commutatif le diagramme suivant :

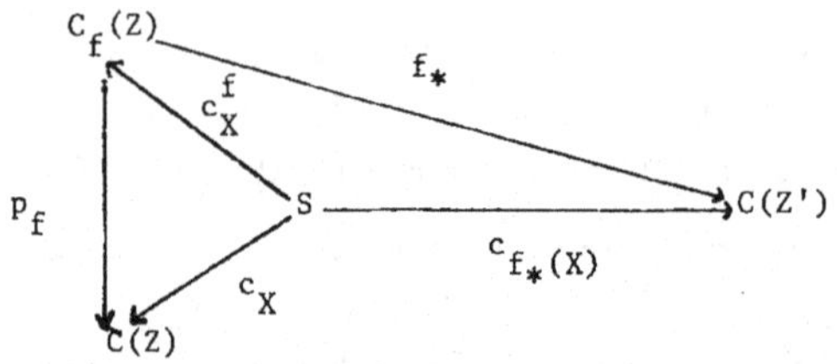

De plus, le morphisme p_f est propre, fini, et chacune des composantes irréductibles de $C_f(Z)$ est comprise entre son image par p_f et la normalisation topologique de cette image.

Dans la seconde partie, un exemple d'application des images directes de cycles sera donnée : il s'agit de l'étude de l'espace des cycles des tores complexes.

Chaque partie possède sa propre bibliographie .

Il y a toutefois une seule bibliographie pour les deux Appendices .

§.1. Définition des images directes.

Ici, $f : Z \to Z'$ est un morphisme d'espaces analytiques de dimensions finies. $C(Z)$ et $C(Z')$ représentent leurs espaces analytiques respectifs des cycles compacts de dimension pure .

Dans la suite, le terme cycle signifie toujours cycle compact de dimension pure, et le terme cycle fermé signifie un cycle de dimension pure, de support fermé mais non nécessairement compact.

Théorème.

Il existe une manière et une seule d'associer à chaque triplet (Z,Z',f) constitué de deux espaces analytiques Z et Z' et d'un morphisme $f : Z \longrightarrow Z'$ une application $f_* : C(Z) \longrightarrow C(Z')$ qui vérifie les conditions énoncées ci-dessous :

1.) Si X est dans $C(Z)$ et si son support $|X|$ est irréductible, alors : $|f_*(X)| = f(|X|)$. Si $f(|X|) = z'$ est réduit à un point de Z' , et si $|X|$ est irréductible et affecté de la multiplicité un, alors $f_*(X) = z'$.

2.) X dans $C(Z)$ et $f : Z \to Z'$ donnés ; il existe alors un sous espace analytique fermé X_o de $f(|X|)$ de dimension strictement inférieure à celle de $f(|X|)$ tel que, pour tout cycle fermé Y de Z' , si les deux cycles suivants sont définis : $f_*(X).Y$ et $X.f^*(Y)$, alors on a l'égalité : $f_*(X.f^*(Y)) = f_*(X).Y$ si aucune des composantes irréductibles de $|Y| \cap f(|X|)$ n'est contenue dans X_o .

3.) Si $i : Z' \longrightarrow Z'_o$ et $j : Z_o \longrightarrow Z$ sont des plongements localement fermés, alors : $(i \circ f \circ j)_* = i_* \circ f_* \circ j_*$

4.) Si X_1 et X_2 sont dans $C(Z)$ et de même dimension, alors :

$$- f_*(X_1+X_2) = f_*(X_1) + f\ (X_2) \quad \text{si} \quad \dim(f(|X_1|) = \dim\ (f(|X_2|))$$

$$- f_*(X_1+X_2) = f_*(X_1) \quad \text{si} \quad \dim(f(|X_1|) > \dim(f(|X_2|))$$

Démonstration.

Pour montrer l'unicité, il suffit , grâce à l'additivité, exprimée par la propriété 4 , de se restreindre au cas des cycles irréductibles X de poids un . Par la conditon 3, on peut alors supposer que $Z' = f(|X|)$ et que Z est irréductible, X n'étant pas compris dans son lieu singulier. Si Y est un point de Z' , il est évident dans ces conditions que les deux cycles $f_*(X).Y$ et $X.f^*(Y)$ sont définis . De plus :

Lemme.

Soit $f : Z_1 \longrightarrow Z_2$ un morphisme propre et surjectif, Z_1 étant irréductible. Il existe alors un ouvert de Zariski Z_2' de Z_2 tel que le nombre de composantes irréductibles de $f^{-1}(z')$ soit constant sur Z_2'. On l'appelle le degré de f.

Avant de donner une démonstration du lemme, montrons qu'il entraîne l'unicité dans le théorème :

On prend en effet pour Z_1 et Z_2 X et $Z' = f(X)$. Soit alors Z'' l'ouvert de Zariski de Z' noté Z_2' dans le lemme. Si Y appartient à Z'', on a donc : $f_*(X.f^*(Y)) = d_X.Y$ par les conditions 1 et 4, où d_X est le degré de la restriction à X de f.

D'autre part, par la conditon 2, on doit aussi avoir :

$f_*(X) = d_X.Y$ (*) d'où l'unicité.

Inversement, si l'on définit par la formule (*) les images directes par f des cycles irréductibles de poids un de Z, et que l'on étend la définition par additivité, on définit bien une application de $C(Z)$ dans $C(Z')$ qui vérifie les conditions imposées, comme on s'en assure facilement.

Démonstration du lemme :

Dans la situation du lemme, il existe un ouvert de Zariski Z_2'' de Z_2 constitué de points réguliers de Z_2 et tels que les fibres de f au-dessus de ces points soient de dimensions pures et constantes. Les fibres de f au-dessus de cet ouvert constituent alors une famille analytique de cycles de Z_1 paramétrée par l'ouvert Z_2''. Or, il résulte aisément du lemme ci-dessous que, dans une telle famille, le nombre générique des composantes irréductibles est constant.

Lemme :

Z un espace analytique de dimension finie. L'application d'addition de k cycles de dimension n de Z, $A_n^k(Z) : (C_n(Z)^k) \longrightarrow C_n(Z)$ est propre, analytique et finie.

Démonstration :

L'analyticité se vérifie facilement dans des écailles adaptées, à l'aide d'un passage en "Newton" ([B], Chap. I,§.2.). Pour la propreté, il suffit d'utiliser le fait qu'une partie de $C_n(Z)$ dont les éléments ont un support qui reste dans un compact fixe avec des multiplicités bornées est compacte . La finitude est évidente.

REMARQUES.

- La définition des images directes donnée ici, généralise le cas fini, puisqu'elle est basée sur la formule (*) qui fait appel à la notion de degré du lemme, qui généralise la notion usuelle de degré dans le cas "fini".
- La notion d'image directe introduite ici n'est pas fonctorielle : on n'a pas, en général : $(g o f)_* = g_* o f_*$. Ceci est vrai cependant dans le cas "fini".
- La formule (*) permet aussi de définir l'image directe d'un cycle fermé par un morphisme, si la restriction du morphisme au support de cycle est propre. C'est cette définition que l'on utilisera au §.2. pour définir $X' = (id_S \times f)_*(X)$ c'est donc un cycle fermé (donc de dimension pure, par définition) de $S \times Z'$.

§.2. Stabilité des familles analytiques de cycles par image directe.

$f : Z \to Z'$ a la même signification que précédemment, S est un espace analytique réduit localement irréductible en chacun de ses points , $(X_s)_{s \in S}$ est une famille analytique de cycles de Z paramétrée par S et dont le graphe sera désigné par X . X est donc un cycle fermé de $S \times Z$ si S est irréductible.

L'objet de ce §. est de démontrer le théorème 1 , énoncé dans l'introduction, dont on reprend les notations.

Il est clair que si la famille $(X'_s)_{s \in S}$ dont il est question dans le théorème 1 existe, son graphe est nécessairement $X' = (id_S \times f)_*(X)$ -ceci si S est irréductible ; si S n'est pas irréductible, on considère séparément chacune de ses composantes connexes, qui sont irréductibles ici -.

La démonstration du théorème se ramène donc, en fait, à démontrer les propriétés suivantes de X' :

1. La restriction de $(id_S \times f)$ au support de X est propre, donc X' est bien défini. Son support est S-propre.
2. Les fibres de la projection de X' sur S sont de dimension pure constante. (ces propriétés sont démontrées dans la partie A.).

3. X' est le graphe d'une famille analytique de cycles de Z' (B.) .

4. Si $(X'_s)_{s \in S}$ est la famille de cycles de Z' dont X' est le graphe, les points de S où cette famille diffère de la famille $(f_*(X_s))_{s \in S}$ forment un sous-espace analytique fermé de S, noté S', et nécessairement d'intérieur vide dans S, d'après la définition de X'. Ceci sera démontré dans la partie C de ce §, en même temps que les assertions restantes du théorème.

REMARQUE.

Si S n'est pas localement irréductible, on ne peut pas toujours définir une famille $(X'_s)_{s \in S}$ possédant les propriétés du théorème.

DEFINITION.

La famille $(X'_s)_{s \in S}$ est appelée, dans la situation du théorème, l'image directe régularisée par f de la famille $(X_s)_{s \in S}$ et est notée $(f_*(X)_s)_{s \in S}$ – et non $(f_*(X_s))_{s \in S}$ – les points de S' sont appelés les points non-réguliers de S pour f et $(X_s)_{s \in S}$.

A- Questions de rang et de propreté.

Proposition.

S est irréductible, les notations du théorème sont conservées. Alors la restriction de $(id_S \times f)$ à $|X|$ est propre ; $X' = (id_S \times f)_*(X)$ est donc un cycle fermé de $S \times Z'$. Il est S-propre, et ses fibres sur S sont de dimension pure constante.

Démonstration.

Les deux assertions de propreté sont élémentaires. Montrons que les fibres de X' sur S sont de dimension constante : notons X'_s la fibre de X' au-dessus de s dans S .

– $\dim(|X'_s|) \geq \dim(X'_{s_o})$ sur un voisinage de s_o dans S .

Cette inégalité n'est autre que la semi-continuité du rang d'un morphisme, appliquée ici à la projection de X' sur S .

– $\dim(|X'_{s_o}|) \leq \dim(X'_s)$ sur un voisinage de s_o dans S .

Notons p la projection de X sur S ; en chaque point x de X, la différence entre le rang en x de $(id_S \times f)$ et le rang en x de la restriction à

$X_{p(x)}$ de f est égale à la dimension de S , puisque leurs fibres sont les mêmes et que X comme $X_{p(x)}$ sont purement dimensionnels, la différence de leurs dimensions étant égale à celle de S . De la semi-continuité du rang de $(id_S \times f)$ on déduit donc l'inégalité cherchée.

Le fait que les fibres de $|X'|$ sur S sont de dimension pure résulte du fait que $|X'|$ est lui-même de dimension pure.

B- X' est le graphe d'une famille analytique de cycles de Z'.

On conserve les notations précédentes.

Proposition.

X' est le graphe d'une famille analytique de cycles de Z' paramétrée par S .

Démonstration.

Utilisant la proposition 6 de [2], §.1, on voit qu'il suffit de vérifier l'analyticité de la famille de cycles $(X'_s)_{s \in S}$, dont on sait déjà qu'elle est méromorphe continue, dans une écaille convenablement choisie sur Z' , et adaptée à X'_{s_o} . Pour ce faire, nous allons, par un procédé d'intersection des fibres de f , nous ramener au cas des images directes "finies", déjà traité par Barlet dans [1] Chap. IV, §.2.

Soit V' le domaine d'une écaille $E' = (U', B', f')$ sur Z' , adaptée à X'_{s_o} , et à X'_s pour s dans S_o , voisinage de s_o dans S , et tel que :

a) $V' \cap |X'_{s_o}|$ soit constitué de points lisses de $|X'_{s_o}|$, et appartenant à une seule composante irréductible $X'^{o}_{s_o}$ de $|X'_{s_o}|$.

b) chaque composante irréductible X'_i de $X' \cap S_o \times V'$ contient $V' \cap |X'_{s_o}|$.

c) pour chaque i de I , on peut choisir une composante irréductible X_i de $X \cap S_o \times F^{-1}(V')$ dont l'image par $id_S \times F$ contient X'_i , et telle qu'il existe un ouvert V_i de Z qui possède les propriétés suivantes :

1. C'est le domaine d'une écaille $E_i = (U_i, B_i, f_i)$ de Z, adaptée à X_{s_o}, et à X_s, pour tout s de S_o.
2. L'intersection $V_i \cap |X_{s_o}|$ est constituée de points lisses du support de X_{s_o} contenus dans une seule de ses composantes irréductibles, et en lesquels le rang (différentiable) de la restriction de F à X_{s_o} est maximum, c'est-à-dire égal à n'.
3. Le rang analytique (c'est-à-dire définie par Remmert) de la restriction de $id_S \times F$ à X est aussi n' sur $X \cap S_o \times V_i$
4. L'image par $id_S \times F$ de $X_i \cap S_o \times V_i$ contient $X_i' \cap S_o \times V'$.

Par restriction de V_i, il existe alors un isomorphisme g_i :

$g_i : U_i \times (0) \longrightarrow U' \times V_i'$ tel que le diagramme suivant commute :

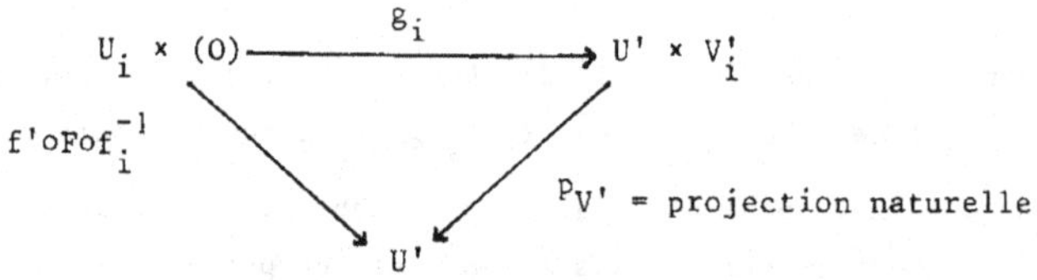

ceci si l'on suppose que : $f_i(V_i \cap |X_{s_o}|) = U_i \times (0)$, où V_i' est un polydisque d'un certain C^{m_i}.

On note alors : $U_i' = g_i^{-1}(U' \times (0))$; c'est une sous-variété fermée de $U_i \times (0)$. On désigne $U_i' \times B_i$ par W_i : c'est une sous-variété fermée de $U_i \times B_i$.

Considérons alors $id_S \times f_i : S_o \times V_i \cap X_i \longrightarrow S_o \times U_i \times B_i$ il fait de $X_i \cap S_o \times V_i$ un revêtement ramifié de degré k_i pour la projection naturelle $id_{S_o} \times p_{U_i} : S_o \times U_i \times B_i \longrightarrow S_o \times U_i$.

Prenons-en l'intersection avec $S_o \times W_i$: c'est un revêtement ramifié de degré k_i de $S_o \times U_i'$ pour la projection naturelle restreinte. On voit alors que l'on obtient ainsi une famille analytique locale de cycles de dimension n' de $U_i' \times B_i$, paramétrée par S_o.

Notons-la $(Y^i_s)_{s \in S_o}$, et soit Y_i son graphe dans $S_o \times U'_i \times B_i$.

Puisque $Y^i_{s_o} = k_i \cdot (s_o) \times U'_i \times (0)$, il s'ensuit que si S_o est assez restreint, ainsi que U'_i , d'après l'assertion sur le rang de F restreint à U'_i (après composition avec f_i^{-1}) , alors la restriction de $id_{S_o} \times (F \circ f_i^{-1})$ à Y_i considérée comme prenant ses valeurs dans X'_i , est ouverte, puisque X'_i est irréductible, que le rang de ce morphisme est constant, et que l'on peut supposer, encore par restriction de tous les espaces, que X'_i est localement irréductible en tous les points de $|X'_{s_o}| \cap X'_i$. (nous avons utilisé, ici, le théorème d'image ouverte de Remmert, adapté au cas d'espaces non normaux).

Désignons par Y'_i , pour tout i , l'image de Y_i par $id_{S_o} \times (F \circ f_i^{-1})$, et soit $h_i : Y_i \longrightarrow Y'_i$ la restriction de ce morphisme, considéré comme prenant ses valeurs dans Y'_i . On a alors le :

<u>Lemme</u> :

Pour tout i , h_i est propre (en fait, il sera nécessaire de faire des restrictions).

Avant de démontrer ce lemme, montrons comment il entraîne le résultat cherché :

Ce lemme permet en effet d'appliquer le théorème 6 (local) d'images directes finies de [1] , chapitre IV, §.2, et de conclure que les images directes des cycles Y^i_s , pour s dans S_o , forment une famille analytique de cycles d'un ouvert V'' de Z' (si l'on prend V'' assez petit, et les restrictions de ces images directes à V''), et dont le graphe est de support Y'_i $S_o \times V''$.
(Remarquons que le théorème cité ne s'applique pas , mais que l'hypothèse de propreté de "graphe à graphe" suffit à entraîner la conclusion, et que le lemme ci-dessus affirme précisément cette propreté dans la situation considérée).

Pour conclure, il suffit alors d'observer que la somme sur i de ces familles analytiques d'images directes, paramétrée par S_o , a pour graphe un ouvert de X' , puisque l'on sait que, pour vérifier l'analyticité d'une famille de cycles compacts de Z' au voisinage d'un point, il suffit de vérifier l'analyticité locale des intersections de ces cycles avec un ouvert de Z' qui rencontre chaque composante irréductible de cycle de la famille qui est indéxé par ce point. CQFD.

Il reste à démontrer le lemme : le résultat étant de nature locale; on peut supposer que, pour tout i , Y'_i est assez petit pour que son image réciproque par $id_S \times F$ rencontre $f_i^{-1}(Y_i)$ selon un fermé de cette image réciproque ; on supposera alors que h_i est la restriction de l'application précédente notée h_i à cette intersection. Mais alors h_i n'étant autre que la restriction de $id_S \times F$, propre, à un fermé d'un ouvert saturé pour cette application, est propre. (Car considérée comme prenant ses valeurs dans l'image de cet ouvert saturé).

C- Questions de multiplicités.

On démontre ici les assertions non encore démontrées du théorème 1, c'est-à-dire :

Proposition.

Les notations étant celles utilisées précédemment, l'ensemble des points s de S en lesquels X'_s diffère de $f_*(X_s)$ coïncident, et pour chaque composante irréductible de ce support, la multiplictié dans X'_s de cette composante est inférieure ou égale à sa multiplicité dans $f_*(X_s)$.

Démonstration.

L'assertion sur les supports est évidente ; montrons donc les deux autres :

Commencons donc par démontrer ce résultat dans le cas particulier où $(X'_s)_{s \in S}$ est une famille analytique de cycles de Z' de dimension zéro ; un procédé d'intersection nous permettra ensuite, dans le cas général, de nous ramener à ce cas particulier.

a. Cas où $(X'_s)_{s \in S}$ est une famille de cycles de dimension zéro.

Soit s_o S donné. Soient C_i , $i = 1, \ldots, h$ les composantes irréductibles locales de X' en les différents points de X'_{s_o} .

Pour chaque i, soit Γ_i la réunion des composantes irréductibles locales de X en X'_{s_o} , et se projetant sur C_i par $id_S \times f$, et affectées de leurs multiplicités dans X. Pour chaque i , Γ_i est le graphe d'une famille méromorphe continue de cycles de Z paramétrée par C_i. On la notera $(\Gamma_{i,x'})_{x' \in C_i}$.

Pour chaque i, C_i est affectée d'une certaine multiplicité m_i dans X' , et est le graphe ainsi d'une famille méromorphe de cycles de Z' de dimension zéro, et qui est continue.

Il est facile de vérifier que les égalités suivantes sont vraies, si S est suffisamment restreint :

pour tout s, on a :

1) $X_s = \sum_{x' \in X'_s} \sum_{i \in I} d_{i,x'} \cdot \Gamma_{i,x'}$ où $m_i . d_{i,x'}$ est la multiplicité du point x' dans la famille C_i si x' appartient au support de C_i, et est égale à zéro autrement.

2) $f(X_s) = \sum_{x' \in X'_s} \left(\sum_{i \in I} d_{i,x'} \cdot \| \Gamma_{i,x'} \| \right) . x'$ où la multiplicité totale $\| \Gamma_{i,x'} \|$ du cycle $\Gamma_{i,x'}$ est le nombre entier défini comme étant la somme des multiplicités dont sont affectées les composantes irréductibles de son support. Remarquons que, avec les notations introduites ci-dessus, m_i est précisément la multiplicité totale générique sur C_i de la famille $(\Gamma_{i,x'})_{x \in C_i}$.

3) $f_*(X)_s = \sum_{x' \in X'_s} \left(\sum_{i \in I} m_i . d_{i,x'} \right) . x'$

Il est clair que l'inégalité de la proposition résulte alors simplement du fait que l'on a, pour tout i de I, et tout x' de C_i, l'inégalité : $\| \Gamma_{i,x'} \| \geq m_i$.

De plus, puisque pour chaque i de I l'ensemble des x' de C_i tels que l'inégalité stricte ait lieu est un sous-espace analytique fermé C'_i de C_i d'intérieur vide dans C_i, l'ensemble des s non-réguliers de S, c'est-à-dire tels que X'_s diffère de $f_*(X_s)$ est un sous-espace analytique fermé de S, puisque c'est la réunion des projections sur S des C'_i.

Ceci démontre donc la proposition dans ce cas particulier.

b. Réduction du cas général à ce cas particulier.

Soit s_o S donné. On considère des écailles $E'_j = (U'_j, B'_j, f'_j)$ sur Z', en nombre fini, j J, adaptées à X'_{s_o} et dont les domaines rencontrent chaque composante irréductible de X'_{s_o}. On note $p'_j : U'_j \times B'_j \longrightarrow U'_j$ la projection sur le premier facteur ;

Pour chaque j on note $Z''_j = (f'_j \circ p'_j)^{-1}(0)$ et $Z_j = f^{-1}(Z''_j)$.

Il est évidemment toujours possible de choisir les écailles E'_j de telle sorte que, si S est suffisamment restreint, pour tout j l'intersection de la famille $(X'_s)_{s \in S}$ avec Z''_j soit une famille analytique de cycles de Z' de dimension zéro, notée $(X'_{s,j})_{s \in S}$ et que l'intersection avec Z_j de la famille $(X_s)_{s \in S}$ soit une famille analytique de cycles de Z de dimension égale au rang générique de $(id_S \times f)_{|X}$. On la note alors $(X_{s,j})_{s \in S}$.

De plus, les écailles E'_j peuvent être choisies de telle sorte que, pour S suffisamment restreint, et tout s de S, il existe un j_s dans J au moins tel que les trois proprétés suivantes soinet vérifiées :

1. X'_s est transverse à Z''_{j_s} .

2. X_s est transverse à Z_{j_s} .

3. $f_*(X_s . Z_{j_s}) = f_*(X_s) . Z''_{j_s}$.

Avant de montrer qu'un tel choix des E'_j est possible, remarquons qu'il entraîne la conclusion cherchée, puisque pour chaque j , l'ensemble S_j des points non-réguliers de S pour la famille $(X_{s,j})_{s \in S}$ et f est analytique fermé dans S par le cas particulier traité précédemment, et que l'ensemble S' des points non-réguliers de S pour la famille $(X_s)_{s \in S}$ et le morphisme f est l'intersection des S_j.

Montrons qu'un tel choix des écailles E'_j est possible. Soient, pour cela, $\overline{C_i}$, $i = 1,\ldots,h$ les composantes irréductibles locales de X' en X'_{s_o} , et $\overline{\Gamma}_i$ la réunion des composantes irréductibles locales de X en X_{s_o} et se projettant par $(id_S \times f)$ sur $\overline{C_i}$, chacune d'elles étant affectée de sa multiplicité dans X.

Pour chaque i , $C_i = m_i . |\overline{C_i}|$ est le graphe d'une famille méromorphe continue de cycles de Z paramétrée par S (S est localement irréductible en chacun de ses points).

Pour chaque i , il existe un ouvert de Zariski C_i de $\overline{C_i}$, dont la projection sur S est S entier, tel que $\Gamma_i = (id_S \times f)^{-1}(C_i) \cap \overline{\Gamma}_i$, avec les mêmes multiplicités que dans $\overline{\Gamma}_i$, soit le graphe d'une famille méromorphe continue de cycles de Z paramétrée par C_i - ceci après avoir identifié Z au graphe de f dans $Z \times Z'$ - On la note $(\Gamma_{i,x'})_{x' \in C_i}$.

Désignons alors par $E' = (U',B',f')$ une écaille de Z' adaptée à X_s pour tout s de S , dont le domaine Z'_o ne rencontre aucun des $(|\overline{C_i}| - |C_i|)$ mais rencontre chacune des composantes irréductibles de X'_{s_o} . Soit $p' : U' \times B' \longrightarrow U'$ la projection sur le premier facteur. Soit X'_1 le sous-espace analytique fermé de S Z'_o constitué des points de ramification pour la projection $id_S \times (p' \circ f')$ de $X' \cap S \times Z'$.

Soit ensuite $E = (U,B,f_o)$ une écaille sur Z adaptée à $(\Gamma_{i,x'})$ pour tout i et tout x' du domaine de E', et dont le domaine Z_o rencontre chaque composante irréductible de chaque $(\Gamma_{i,x'})$ pour tout i et tout x' de X'_{s_o} .

Notons alors X'_2 le sous-espace analytique fermé de X' constitué des points de ramification de $X \cap (id_{S \times Z'} \times Z_o)$ pour la projection $id_{S \times Z'} \times (p o f_o)$, où $p : U \times B \longrightarrow U$ est la projection sur le premier facteur.

On peut toujours supposer, quitte à introduire des ensembles de ramification successifs, que $X'_1 \cup X'_2$ ne contient aucune composante irréductible de X'_{s_o}.

Soit enfin X'_3 le sous-ensemble analytique fermé de $X' \cap S \times Z'_o$ constitué de l'ensemble des x' tels que, pour un i au moins, x' appartienne à C_i et $\|\Gamma_{i,x'}\| > m_i$.

Soit $X'_o = X'_1 \cup X'_2 \cup X'_3$. Pour que les conditions 1,2,3 soient vérifiées, il suffit de prendre pour écailles E'_j l'écaille E' en prenant pour origine de U'_j le point u'_j de U' de telle sorte que, pour tout s de S, il existe un j_s dans J tel que $Z''_{j_s} \cap X'_s$ ne rencontre pas X'_o, ce qu'il est toujours possible de faire ; les espaces Z''_j étant définis à l'aide des E'_j comme il a été dit ci-dessus.

Enfin, on peut toujous supposer Z et Z' non singuliers, puisque le décompte de multiplicités effectué ci-dessus est de nature locale, et que les images directes de cycles sont invariantes par plongement localement fermé (propriété 3. du § .1).

§.3. Solution du problème de factorisation.

Dans ce §. , on garde toutes les notations du §.2. . De plus, $C(Z)$ et $C(Z')$ représentent, comme au §.1 , les espaces de cycles compacts de dimension pure de Z et Z' , c'est-à-dire la réunion des $C_n(Z)$ et $C_n(Z')$, respectivement, pour n entier positif.

Si $(X_s)_{s \in S}$ est une famille analytique de cycles de Z paramétrée par S , on note $c_X : S \to C(Z)$ le morphisme associé à cette famille par la propriété universelle de l'espace des cycles.

Si T est un espace analytique réduit et $q : T \to S$ un morphisme, on note $(X_{q(t)})_{t \in T}$ la famille analytique de cycles de Z paramétrée par T et image réciproque par q de $(X_s)_{s \in S}$ c'est-à-dire celle dont le morphisme associé est $c_X \circ q$. Les notations sont évidemment analogues pour les familles de cycles de Z'

Enfin, on note $(U_x)_{x \in C(Z)}$ la famille universelle des cycles de Z paramétrée par $C(Z)$.

On note $\tilde{p} : \tilde{S} \to S$ le normalisé topologique de S , c'est-à-dire l'espace analytique homéomorphe au normalisé $\hat{S}$ de S , et tel que $\mathcal{O}_{\tilde{S},\tilde{s}}$ soit, en chaque point $\tilde{s}$ de $\tilde{S}$, égal à l'anneau des germes de fonctions holomorphes en $\tilde{p}(\tilde{s})$ sur la composante irréductible locale de S en $\tilde{p}(\tilde{s})$ qui correspond à $\tilde{s}$ par $\tilde{p}$. Un espace analytique $p' : S' \longrightarrow S$ au-dessus de S est dit être compris entre S et S s'il existe un morphisme $\tilde{p}' : \tilde{S} \to S'$ tel que $\tilde{p} = \tilde{p}' \circ p'$.

A- Modification minimale pour un morphisme et une famille de cycles.

Il s'agit d'une modification de l'espace des paramètres ; comme il a été remarqué au début du §.2, si $(X_s)_{s \in S}$ est une famille de cycles de Z, analytique, paramétrée par S, on ne peut pas toujours définir son image directe régularisée si S n'est pas localement irréductible en chacun de ses points. Cependant :

Proposition :

Il existe un espace analytique $p' : S' \longrightarrow S$ au-dessus de S, qui dépend de f et de $(X_s)_{s \in S}$, qui est compris entre $\tilde{S}$ et S, qui est tel que la famille $(X_{p'(s')})_{s' \in S'}$ admette une image directe régularisée par f, et qui jouit de la propriété universelle suivante :

pour tout espace analytique $q : T \to S$ au-dessus de S (q est donc surjectif) tel que l'image directe régularisée par f de la famille $(X_{q(t)})_{t \in T}$ soit définie, il existe un unique morphisme $q' : T \to S'$ tel que $q = p'_o q'$.

Démonstration.

Puisque $\tilde{S}$ est localement irréductible, l'image directe régularisée par f de la famille analytique $(X_{\tilde{p}(\tilde{s})})_{\tilde{s} \in \tilde{S}}$ est définie. Notons $c_{f_*(\tilde{X})} : \tilde{S} \longrightarrow C(Z')$ le morphisme associé à cette famille. On vérifie aisément que le morphisme produit $\tilde{p} \times c_{f_*(\tilde{X})} : \tilde{S} \to S \times C(Z')$ est propre. Son image S', munie de la projection p' sur S, vérifie, comme on le voit facilement, toutes les propriétés énoncées dans la proposition. En particulier, l'image directe régularisée par f de la famille $(X_{p'(s')})_{s' \in S'}$ est définie, et le morphisme de S' dans $C(Z')$ qui lui est associé n'est autre que la restriction à S' de la projection de $S \times C(Z')$ sur son second facteur.

Remarque.

Si l'on note S'' l'image par $\tilde{p}$ de l'ensemble des points non-réguliers de $\tilde{S}$ pour f et $(X_{\tilde{p}(\tilde{s})})_{\tilde{s} \in \tilde{S}}$ (voir la DEFINITION du début du §.1), il est facile de voir que la propriété de factorisation dont jouit S' est encore vraie si $q : T \longrightarrow S$ est un morphisme tel que l'image par q d'aucune composante irréductible de T ne soit contenue dans S''.

Cette remarque sera utilisée en B- .

B- Problème de factorisation.

On reprend ici les notations introduites dans le début de §.

Nous allons définir ici par récurrence sur l'entier positif ou nul j une suite d'espaces analytiques C_j, de morphismes p_j et f_j, $p_j : C_j \longrightarrow C(Z)$ et $f_j : C_j \longrightarrow C(Z')$ respectivement ; cette suite dépendant uniquement du morphisme f de Z dans Z'.

Nous définirons alors l'espace analytique $C_f(Z)$ comme la réunion disjointe des C_j, pour j entier non négatif, le morphisme $p_f : C_f(Z) \to C(Z)$ comme le morphisme dont la restriction à chaque C_j est p_j, et le morphisme $f_* : C_f(Z) \longrightarrow C(Z')$ sera le morphisme dont la restriction à chaque C_j est f_j.

La suite (C_j, p_j, f_j) est définie comme suit :

$C_o = (C(Z))'$ est la modification minimale de $C(Z)$ pour f et la famille universelle $(U_x)_{x \in C(Z)}$ des cycles de Z, p_o est la projection naturelle de C_o sur $C(Z)$, tandis que f_o est le morphisme associé à l'image directe régularisée par f de la famille $(U_{p_o(x')})_{x' \in C_o}$.

Ensuite, C_{j+1} est la modification minimale de l'ensemble des points non-réguliers de C_j pour f et l'image réciproque par p_j de la famille universelle des cycles de Z sur $C(Z)$, p_{j+1} est le composé de la projection de C_{j+1} sur l'ensemble des points non-réguliers de C_j ainsi définis et de p_j ; enfin, f_j est l'image directe régularisée par f de l'image réciproque par p_{j+1} de la famille universelle de cycles de Z paramétrée par $C(Z)$ - le morphisme dans $C(Z')$ qui lui est associé, du moins -

Proposition.

Le morphisme p_f est propre, ses fibres sont finies et au-dessus d'un point en correspondance bijective avec les différentes valeurs que l'image directe régularisée du cycle que ce point représente peut avoir suivant les familles de cycles contenant ce cycle. Pour tout j, C_j est compris entre son image dans $C(Z)$ par p_f, et le normalisé topologique de cette image. Enfin,

$p_f(C_{j+1})$ est d'intérieur vide dans $p_f(C_j)$.

Démonstration.

La dernière assertion entraîne les autres par récurrence, et elle résulte simplement du fait que l'ensemble des points non-réguliers d'une famille est d'intérieur vide dans l'espace de paramétres. Les vérifications détaillées du reste sont faciles.

Mais l'intérêt du triplet $(C_f(Z), p_f, f_*)$ provient du fait suivant :

Théorème 2.

Le triplet $(C_f(Z), p_f, f_*)$ jouit de la propriété universelle suivante :

si $(S, c_X, c_{f_*(X)})$ est un triplet constitué d'un espace réduit S, d'un morphisme $c_X : S \to C(Z)$ associé à une famille analytique de cycles de Z $(X_s)_{s \in S}$ dont l'image directe régularisée par f est définie, le morphisme associé à cette image directe étant $c_{f_*(X)} : S \longrightarrow C(Z')$, alors il existe un unique morphisme $c_X^f : S \longrightarrow C_f(Z)$ qui rend commutatif le diagramme :

$$\begin{array}{ccccc} C_f(Z) & & \xrightarrow{\quad f_* \quad} & & C(Z') \\ & \nwarrow^{c_X^f} & & \nearrow_{c_{f_*(X)}} & \\ \downarrow p_f & & S & & \\ & \swarrow_{c_X} & & & \\ C(Z) & & & & \end{array}$$

Démonstration.

Remarquons tout d'abord que f est le morphisme associé à l'image directe régularisée par f de l'image réciproque par p_f de la famille universelle de cycles $(U_x)_{x \in C(Z)}$ sur $C(Z)$.

Considérons $\tilde{S}$, le normalisé topologique de S . A chacune de ses composantes irréductibles, qui est aussi l'une de ses composantes connexes, on peut associer un unique entier j qui est le plus grand des entiers k tels que l'image par c_X de cette composante soit contenue dans $p_f(C_j)$. Par la propriété universelle des C_j , ceci montre que l'on peut définir un morphisme $\tilde{c}_X : \tilde{S} \longrightarrow C_f(Z)$ tel que $p_f o \tilde{c}_X = c_X o \tilde{p}$, et que le morphisme $c_{f_*(\tilde{X})}$

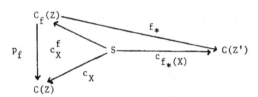

associé à l'image directe régularisée par f de la famille de cycles de Z paramétrée par S dont le morphisme associé est $c_X \circ \tilde{p}$ soit égal à $f_* \circ \tilde{c}_X$.

Pour en déduire l'existence du morphisme c_X^f jouissant des propriétés requises, il suffit alors de remarquer que, puisque l'image directe régularisée par f de la famille $(X_s)_{s \in S}$ est définie, c'est que le morphisme produit : $\tilde{S} \longrightarrow S \times C_f(Z) \times C(Z')$ construit à l'aide des morphismes introduits précédemment se factorise par la projection de $\tilde{S}$ sur S .(Ne pas oublier ici que $C_f(Z)$ est, en effet, construit à l'aide de la méthode du graphe dans $C(Z) \times C(Z')$).

Question.

Peut-on caractériser "simplement" les cycles X de C(Z) qui sont réguliers pour f , c'est-à-dire tels $p_f^{-1}(X)$ soit réduit à un point ?

En termes, par exemple, du fibré normal dans Z au support de X ?

Des conditions suffisantes pour qu'un cycle X soit régulier peuvent être données, qui consistent à dire que les multiplicités de l'image directe sont égales à un :

- Si $X = 1.|X|$ a un support irréductible, et si le degré de la restriction de f à $|X|$ est un , X est régulier pour f .
- Si $X = \Sigma 1.X_i$, si chaque X_i vérifie la condition ci-dessus, et si $f(|X_i|) \neq f(|X_j|)$ pour $i \neq j$, alors X est régulier.

BIBLIOGRAPHIE

I.- BARLET - Espace analytique réduit ..... Séminaire Norguet 1974/1975.

2.- BARLET - Convexité au voisinage d'un cycle (dans ce volume).

DEUXIEME PARTIE : L'espace analytique des cycles d'un tore.

INTRODUCTION.

Le but de ce qui suit est de montrer que l'étude de l'espace des cycles d'un tore complexe se ramène à l'étude de l'espace des cycles des plus grandes sous-variétés abéliennes des tores quotient de ce tore.

Plus précisément, un théorème de Ueno (§.0, A-) montre que si X est un sous-espace analytique fermé irréductible du tore T, et si T_X est le plus grand sous-tore de T dont les translations laissent globalement X invariant, alors l'image de X par la projection quotient de T sur T/T_X est algébrique projective, donc contenue dans un translaté de $(T/T_X)_{ab}$, la plus grande sous-variété abélienne de T/T_X. La projection de T sur $(T/T_X)/(T/T_X)_{ab}$ envoie donc X sur un point.

On utilise alors les résultats de la partie précédente ([C]) pour montrer que T_X est constant sur les composantes connexes de $\overline{C^*(T)}$, où $\overline{C^*(T)}$ est l'adhérence dans $C(T)$ de $C^*(T)$, l'ouvert de Zariski de $C(T)$ constitué des cycles irréductibles de multiplicité un de T.(§.1).

On montre ensuite (§§.2 et 3) que si Γ est une telle composante connexe, et T_Γ le sous-tore de T associé à un X de Γ, alors l'image directe par p_Γ, la projection quotient de T sur T^Γ où $T^\Gamma = (T/T_\Gamma)/(T/T_\Gamma)_{ab}$, des éléments de Γ munit Γ d'une structure de fibré localement trivial de base T^Γ identifié à l'ensemble de ses points affectés de la multiplicité un, de fibre une composante connexe de $\overline{C^*((T/T_\Gamma)_{ab})}$ (cette fibre est donc projective algébrique compacte), et de groupe structural $(T/T_\Gamma)_{ab}$. Le cocycle associé à ce fibré est égal au cocycle associé à la fibration $T/T_\Gamma \longrightarrow T^\Gamma$ qui a même base et même groupe structural.

Ces méthodes peuvent être utilisées pour obtenir la structure des composantes irréductibles générales (c'est-à-dire dont le point générique n'est pas un cycle irréductible) de $C(T)$.

§.0. Préliminaires.

A- Structure des sous-espaces analytiques d'un tore.

Ueno démontre dans [U] pp.120-123 le résultat suivant :

Théorème.

Soit X un sous-espace analytique fermé irréductible d'un tore complexe T. Il existe un sous-tore T_X de T tel que, si $p_X : T \longrightarrow T/T_X$ est la projection quotient, on ait :

- $X = p_X^{-1}(p_X(X))$

- $K(X) = K(p_X(X)) = \dim(p_X(X))$, où $K(.)$ est la dimension de Kodaira.

En particulier , $p_X(X)$ engendre une sous-variété Abélienne de T/T_X.

On peut facilement déduire de ceci que T_X est la composante connexe de zéro dans le stabilisateur de X pour l'action de T sur lui-même par translations.

Plus précisément, si Z est un espace analytique et G un groupe de Lie complexe agissant analytiquement sur Z , chaque élément g de G induit un isomorphisme analytique de Z auquel on peut associer par image directe un isomorphisme analytique g_* de $C(Z)$, l'espace analytique des cycles compacts de dimension pure de Z . On définit ainsi une action de G sur $C(Z)$, à cause de la fonctorialité des images directes finies, qui est appelée prolongement de l'action de G sur Z . (Z s'identifie en effet naturellement à un ouvert-fermé de $C(Z)$).

Proposition.

L'action de G sur $C(Z)$ prolongement de l'action de G sur Z est analytique.

Démonstration :

Considérons la famille universelle $(\Omega_c)_{c \in C(Z)}$ de cycles compacts de dimension pure de Z paramétrée par $C(Z)$, puis son image réciproque $(\Omega^G_{g.c})_{g.c \in G \times C(Z)}$ par le morphisme de projection sur le second facteur : $G \times C(Z) \longrightarrow C(Z)$.

On fait le produit ([B1] , Chap. IV, §I , Prop. 1) de cette famille de cycles de Z par le cycle constant Z . On obtient une famille analytique de cycles fermés de $Z \times Z$ paramétrée par $G \times C(Z)$, que l'on note $(\overline{\Omega}^G_{g.c})_{g.c \in G \times C(Z)}$. (On doit ici supposer Z de dimension pure).

Le graphe $\Gamma \subset G \times Z \times Z$ de l'application analytique $G \times Z \longrightarrow Z$ associée à l'action de G sur Z est le graphe d'une famille analytique de cycles fermés de dimension pure de $Z \times Z$ paramétrée par G , et notée $(\Gamma_g)_{g \in G}$.

L'intersection ([B1] , Chap. VI, §.2, Th.10) des deux familles de cycles $(\Gamma_g)_{g \in G}$ et $(\overline{\Omega}^G_{g.c})_{g.c \in G \times C(Z)}$ est définie, et c'est une famille analytique de cycles compacts de $Z \times Z$ paramétrée par $G \times G \times C(Z)$. Appelons alors $(\omega_{g.c})_{g.c \in G \times C(Z)}$ la restriction de cette famille au produit de la diagonale de $G \times G$ par C(Z) .

On considère maintenant $p : Z \times Z \longrightarrow Z$ la projection sur le second facteur (on a placé plus haut le facteur Z constant du produit à droite). Le morphisme d'image directe finie p_* appliqué à la famille $(\omega_{g.c})_{g.c \in G \times C(Z)}$ est défini ici puisque la restriction de p à chaque cycle de la famille est un isomorphisme sur son image.

A la famille image directe par p , $(p_*(\omega_{g.c}))_{g.c\ G \times C(Z)}$ est associé un morphisme $G \times C(Z) \longrightarrow C(Z)$ dont l'application sous-jacente est l'action de G sur C(Z) prolongée de l'action de G sur Z .

On en déduit les résultats suivants :

Corollaire 1.

Le stabilisateur d'un cycle X de Z pour l'action de G est un sous-groupe de Lie fermé de G .

Corollaire 2.

X comme dans le théorème ci-dessus. Il existe un seul sous-tore T_X de T tel que la projection p_X associée possède les propriétés annoncées ; T_X est la composante connexe de zéro dans le stabilisateur de X pour le prolongement de l'action de T sur lui-même par translations.

Démonstration.

Puisque T_X est connexe et que $X = p_X^{-1}(p_X(X))$, T_X est contenu dans $\delta(X)$ le composante connexe de zéro dans le stabilisateur de X pour l'action par translations de T sur $C(T)$ (on désigne ainsi le prolongement à $C(T)$ de l'action de T sur T porte le même nom).

Comme sous-groupe de Lie connexe de T , $\delta(X)$ est un sous-tore de T , complexe. D'après ce qui précède, il existe une projection quotient : $p'_X : T/T_X \longrightarrow T/\delta(X)$, et l'on doit avoir :

$K(p_X(X)) \leqslant K(p'_X(p_X(X))) \leqslant \dim(p'_X(p_X(X)))$ puisque $p_X(X)$ est un fibré en tores sur $p'_X(p_X(X))$. Or, $K(p_X(X)) = \dim(p_X(X))$; donc on doit avoir l'égalité : $\dim(p_X(X)) = \dim(p'_X(p_X(X)))$, c'est-à-dire $T_X = \delta(X)$. CQFD.

B- Plus grande sous-variété Abélienne d'un tore.

Proposition :

Soit T un tore. L'ensemble des sous-tores de T qui sont des variétés Abéliennes, ordonné par l'inclusion, admet un plus grand élément noté T_{ab} .

Démonstration.

Il suffit de montrer que si T_1 et T_2 sont deux sous-variétés Abéliennes de T , le sous-tore qu'elles engendrent dans T est aussi une sous-variété Abélienne de T . Or ceci résulte de ce que $T_1 \times T_2$, qui est une variété abélienne, se projette sur T' , le tore engendré par T_1 et T_2 . La dimension algébrique de T' est donc égale à sa dimension. CQFD.

Corollaire.

Soit X un sous-espace analytique fermé irréductible de T tel que $K(X) = \dim(X)$. Alors, X est contenu dans un translaté de T_{ab} .

Faisons maintenant quelques remarques sur T_{ab} et ses relations avec la réduction algébrique T^a de T : si T est un tore, il existe un sous-tore T_a de T tel que $T^a = T/T_a$ soit une variété Abélienne et que la projection quotient de T sur T^a induise par image réciproque un isomorphisme entre les corps de fonctions méromorphes de T et T^a . ([W], Chap.VI,§.10, Th. 5).

On dit que deux tores sont équivalents s'il existe un morphisme fini non-ramifié de l'un d'eux sur l'autre. A une translation près, c'est alors un morphisme de groupes induit par une application C-linéaire sur leurs revêtements universels. C'est une relation d'équivalence.

Le théorème de complète réductibilité de Poincaré affirme que toute variété abélienne est équivalente à un produit de tores simples, c'est-à-dire sans sous-tores propres. ([W]) .

On peut démontrer les résultats suivants :

1. $\mathrm{Pic}^o(T^a)$ est la plus grande sous-variété abélienne de $\mathrm{Pic}^o(T)$.
2. Si T' est une sous-variété abélienne du tore T , et si l'on a l'égalité $a(T) = a(T') + a(T/T')$, où $a(.)$ désigne la dimension algébrique, alors T est équivalent à $T' \times (T/T')$. Ce résultat généralise le théorème de complète réductibilité de Poincaré dans lequel on suppose que T est lui-même une variété abélienne.
3. Si T est un tore, il est équivalent à un produit $T^o \times T_o$, où T_o est une variété abélienne et T^o un tore tel que T^o_{ab} soit inclus dans T^o_a .

Ces résultats n'étant pas utilisés dans la suite, nous n'en donnons pas la démonstration ici.

C- Addition de cycles.

Soit Z un espace analytique de dimension finie ; $C(Z)$ désigne l'espace analytique des cycles compacts de dimension pure de Z : c'est la réunion disjointe des $C_n(Z)$.

Pour tous entiers $k \geq 1$, $n \geq 0$ il existe une application d'addition $A^k_n(Z) : (C_n(Z)^k) \longrightarrow C_n(Z)$ qui associe à k cycles leur somme.

Proposition.

L'application $A^k_n(Z)$ est analytique propre et à fibres finies pour tous Z,n,k .

La démonstration est donnée dans [C] .

Dans la suite , on désignera par $C^*(Z)$ le sous-ensemble de $C(Z)$ constitué des cycles irréductibles, c'est-à-dire dont le support est irréductible et affecté de la multiplicité 1. $\overline{C^*(Z)}$ désignera l'adhérence dans $C(Z)$ de $C^*(Z)$.

Corollaire.

$C^*(Z)$ est un ouvert de Zariski de $C(Z)$.

Démonstration :

Soit $A_n(Z)$ le morphisme défini sur la réunion des $(C_n(Z)^k)$ et égal sur chacun d'eux à $A_n^k(Z)$. Il est facile de voir qu'il possède les propriétés énoncées dans la proposition.Comme $C^*(Z)$ est le complémentaire de son image dans $C(Z)$, c'est un ouvert de Zariski. Il en résulte en particulier que $C (Z)$ est une réunion de composantes irréductibles de $C(Z)$.

D- Images directes de cycles par un morphisme.

$p : Z \longrightarrow B$ est ici un fibré localement trivial de fibre compacte irréductible F , de groupe G . On peut préciser dans ce cas particulier les résultats de [C] . On dit qu'un cycle de dimension pure de Z est saturé si son support est égal à l'image réciproque par p de son image par p .

Remarquons que dans cette situation , il existe un morphisme p^* d'image réciproque de cycles, de $C(B)$ sur $C_p(Z)$, l'ensemble des cycles saturés de Z . Cette application est définie comme suit :

à un cycle $X = \Sigma\, n_i.X_i$ de B , elle associe le cycle $p^*(X) = \Sigma\, n_i.p^{-1}(X_i)$ de Z . L'analyticité de p^* résulte de ce que, si $(X_s)_{s \in S}$ est une famille analytique de cycles de B , et si V est un ouvert de B dont chaque composante connexe trivialise Z et qui rencontre chaque composante irréductible de chaque X_s , alors l'ouvert $p^{-1}(V)$ de Z satisfait la même condition pour la famille $p^*(X_s)_{s \in S}$. D'autre part, la famille $(p^{-1}(V) \cap p^*(X_s))_{s \in S}$ est une famille analytique de cycles fermés de $p^{-1}(V)$, puisque, par trivialisation, elle s'identifie à la famille $((V \cap X_s) \times F)_{s \in S}$ et que cette dernière est analytique par [B.I] chap.VI, prop. I.

Pour conclure, il suffit alors d'appliquer la proposition A ci-dessus après avoir remarqué que le graphe de la famille $p^*(X_s)_{s \in S}$ est manifestement analytique. En fait :

Proposition :

L'ensemble $C_p(Z)$ est un ouvert-fermé de $C(Z)$. Il existe un morphisme d'image directe $p_* : C_p(Z) \longrightarrow C(B)$, et p_* et p^* sont des isomorphismes inverses l'un pour l'autre.

Démonstration :

Pour montrer que $C_p(Z)$ est un ouvert-fermé de $C(Z)$, on applique le théorème de continuité de la dimension de [C] soit S_o une composante connexe de $C_n(Z)$ qui contient un cycle saturé. Soit f la dimension de F . La dimension de $p_*(X_s)$ pour tout s de S_o est égale à $(n-f)$, d'après le résultat cité, et donc, pour tout s , X_s est saturé. (Pour la définition de p_* , voir [C] .).

Les applications p_* et p^* sont manifestement inverses l'une de l'autre ; pour montrer la proposition, il suffit donc de montrer que p_* est analytique. Dans la situation présente, il est plus simple de donner une démonstration directe que d'adapter la démonstration générale de [C] .

Soit donc $(X_s)_{s \in S}$ une famille analytique de cycles compacts de Z paramétrée par un espace réduit S . Soit $(p_*(X)_s)_{s \in S}$ la famille image directe, dont on sait ([C]) que le graphe est analytique. Par restriction de S on peut supposer qu'il existe un ouvert V de B , dont les composantes connexes trivialisent Z , et qui rencontre chaque composante irréductible de chaque $p_*(X_s)$. Soit alors $s : V \longrightarrow Z$ une section de p au-dessus de V ; elle induit donc un isomorphisme entre V et $s(V)$. La famille $(s(V) \cap X_s)_{s \in S}$ est une famille analytique de cycles fermés de $s(V)$, et son image directe par p est donc aussi analytique comme famille de cycles de V (ceci par [B.I] chap. IV, prop. I). Or, cette dernière coincide avec la restriction à V de la famille $(p_*(X_s)_{s \in S}$: en effet, si $X = \Sigma\, n_i.X_i$ est un cycle de Z , $p_*(X) = \Sigma\, n_i.p(X_i)$. Il suffit alors, pour conclure, d'appliquer la proposition A

CQFD.

§.I. Continuité de la décomposition des cycles d'un tore.

Soit T un tore. Dans toute la suite, lorsque l'on fera agir un tore sur lui-même, ce sera toujours par translations. On appellera encore action par translations le prolongement de cette action à l'espace des cycles. Si X est un cycle de T, on note $\delta(X)$ la composante connexe de zéro du stabilisateur de X pour cette action : c'est toujours un sous-tore de T.

On désignera dans la suite par δ_T l'ensemble des sous-tores de T. On note δ l'application de $C(T)$ dans δ_T qui associe à un cycle X l'élément de δ_T noté ci-dessus $\delta(X)$.

Si T_o est un sous-tore de T, on note $C_{T_o}(T)$ l'image réciproque de T_o par δ.

Théorème.

L'application δ est continue lorsque l'on munit δ_T de la topologie discrète.

Démonstration :

Remarquons que si X est un cycle de T, $\delta(X)$ est le plus grand sous-tore T' de T tel que $\dim(p'(X)) = \dim(|X|)-\dim(T')$.

Si X' est un cycle de T appartenant à la composante connexe de X dans $C(T)$, et si T' est un sous-tore de T, alors, si p' est la projection quotient de T sur T/T', on a :

$\dim(p'(X')) = \dim(p'(X))$ par [C], §.2, Prop.

Donc, $\dim(p'(X')) = \dim(|X'|) -\dim(T')$ est vraie si et seulement si la même égalité est vraie pour X, c'est-à-dire si et seulement si T' est inclus dans $\delta(X)$. Donc $\delta(X') = \delta(X)$.

Dans la suite, on désignera par $\overline{C^*_{T_o}(T)}$ l'intersection de $C_{T_o}(T)$ avec $\overline{C^*(T)}$.

§.2. Structure de $C_{T_o}(T)$.

Soit T_o un élément de δ_T ; on désigne par p_o la projection quotient de T sur T/T_o , et par $p_{o_*} : C_{T_o}(T) \longrightarrow C(T/T_o)$ la restriction à $C_{T_o}(T)$ du morphisme d'image directe décrit au §.0. , D .

Enfin, on désigne par δ_o l'application de $C(T/T_o)$ dans δ_{T/T_o} , l'ensemble des sous-tores de T/T_o , définie de manière analogue à δ . On désigne par $\{0\}$ le sous-tore de T/T_o réduit à zéro, et par $C_{\{o\}}(T/T_o)$ l'image réciproque par δ_o de $\{0\}$: c'est un ouvert-fermé de $C(T/T_o)$.

Théorème.

p_{o_*} est un isomorphisme de $C_{T_o}(T)$ sur $C_{\{o\}}(T/T_o)$.

Démonstration :

Elle se réduit, par la proposition du §.0, D , à montrer que l'image de $C_{T_o}(T)$ par p_{o*} est $C_{\{o\}}(T/T_o)$. Ceci peut se démontrer comme au §.0, A, corollaire 2.

On désigne par $\overline{C^*_{\{o\}}(T/T_o)}$ l'intersection de $C_{\{o\}}(T/T_o)$ avec $\overline{C^*(T/T_o)}$: c'est aussi l'image de $\overline{C^*_{T_o}(T)}$ par p_{o*} .

§.3. Structure de $\overline{C^*_{\{o\}}(T/T_o)}$.

Soit $(T/T_o)_{ab}$ la plus grande sous-variété abélienne de T/T_o , et T^o le quotient de T/T_o par $(T/T_o)_{ab}$; on note enfin p^o la projection quotient de T/T_o sur T^o .

Il existe par [C] , un morphisme d'image directe régularisée p^o_* : $C(T/T_o) \longrightarrow C(T^o)$ dont on note $\vec{p}^o_*$ la restriction à $\overline{C^*_{\{o\}}(T/T_o)}$.

On fait agir analytiquement $(T/T_o)_{ab}$ par translations sur son espace des cycles , et on identifie T^o à la composante connexe de $C(T^o)$ constituée des points affectés du poids 1 .

Enfin, $H^1(T^o , (T/T_o)_{ab})$ représente ici le groupe des cocycles analytiques à équivalence analytique près.

Théorème.

L'image par $\overline{p^o_*}$ de $\overline{C^*_{\{o\}}(T/T_o)}$ est T^o , inclus dans $C(T^o)$. $\overline{p^o_*}$ fait de $\overline{C^*_{\{o\}}(T/T_o)}$ un fibré localement trivial de base T^o , de fibre $\overline{C^*_{\{o\}}((T/T_o)_{ab})}$ et de groupe $(T/T_o)_{ab}$, ce dernier agissant par translations.

L'élément de $H^1(T^o, (T/T_o)_{ab})$ correspondant à ce fibré est l'élément correspondant au fibré $p^o : T/T_o \longrightarrow T^o$, de même base, groupe et de fibre $(T/T_o)_{ab}$.

Démonstration :

Il est clair que l'image de $\overline{C^*_{\{o\}}(T/T_o)}$ par $\overline{p^o_*}$ contient T^o . Inversement, si X est irréductible et contenu dans $\overline{C^*_{\{o\}}(T/T_o)}$, il est contenu dans un translaté de $(T/T_o)_{ab}$ (corollaire du §.0. B-) et son image directe par p^o_* et donc un point de T^o affecté de la multiplicité 1. Puisque p^o_* est continu et T^o fermé dans $C(T^o)$, la première assertion du théorème est démontrée.

Montrons maintenant que $\overline{C^*_{\{o\}}(T/T_o)}$ est un fibré localement trivial pour p^o_* .

Soit donc U un ouvert de T^o trivialisant p^o , U' son image réciproque par p^o , p_u et p_f respectivement les projections de $U\times(T/T_o)_{ab}$ sur son premier et son second facteur, et $g_u : U' \longrightarrow U \times((T/T_o)_{ab}$ un isomorphisme qui induit des translations dans les fibres et tel que $p_u \circ g_u = p^o$ restreint à U' .

$C(U')$ est un ouvert de $C(T/T_o)$. Soit donc $\overline{C^*_{\{o\}}(U')}$ son intersection avec $C^*_{\{o\}}(T/T_o)$.

Dans ces conditions, il est clair que $((p_u \times p_f)_o g_u)_*$ est un isomorphisme analytique de $\overline{C^*_{\{o\}}(U')}$ sur $\overline{U \times C^*_{\{o\}}((T/T_o)_{ab})}$, puisque c'est vrai ensemblistement et que $\overline{U \times C^*_{\{o\}}((T/T_o)_{ab})}$ est une famille analytique de cycles de $U \times((T/T_o)_{ab}$. Pour obtenir l'isomorphisme inverse, il suffit alors de composer avec $(g_u^{-1})_*$.

Montrons maintenant que le groupe structural de ce fibré est $(T/T_o)_{ab}$ et que le cocycle associé est le même que celui associé à p^o.

Soient U et V deux ouverts de T^o trivialisant p^o, W leur intersection, U', V', W' respectivement les images réciproques par p^o ; on note ici de la même façon g_u, g_v et leurs restrictions à W'.

On note p_w la restriction de p_u à $p_u^{-1}(W)$, et $g_{uv} = g_u o g_v^{-1}$.

Il existe une application analytique $h_{uv} : W \dashrightarrow (T/T_o)_{ab}$ telle que $g_{uv} \equiv id_w \times (h_{uv} o p_w + p_f)$ avec des notations évidentes.

On peut maintenant expliciter les applications de changement de cartes dans $\overline{C_{\{o\}}^{*}(W')}$: c'est ici $G_{uv} = ((p_w \times p_f) o g_u)_* o (((p_w \times p_f) o g_v)_*)^{-1}$.

Il s'agit cependant d'images directes finies pour lesquelles il y a fonctorialité. On a donc :

$$G_{uv} = ((p_w \times p_f) o g_{uv} o (p_w \times p_f)^{-1})_* = (id_w)_* \times (h_{uv} o (p_w)_* + (p_f)_*)$$

ce qui prouve le théorème.

Par composition avec p_{o*} ceci décrit donc la structure analytique de $\overline{C_{T_o}^{*}(T)}$.

- BIBLIOGRAPHIE -

B - D. BARLET. Espace analytique réduit des cycles analytiques complexes compacts ..... Séminaire F. NORGUET 1974-1975.

C - F. CAMPANA. Images directes de cycles par un morphisme (dans ce volume).

U - K. UENO. Classification theory of algebraic varieties and compact complex spaces. Lecture notes 439.

W - A. WEIL. Variétés Kählériennes. Hermann 1971.

Appendice 1.-

Propriété kählérienne forte dans l'espace des cycles d'un tore

Soit T un tore complexe ; C(T) l'espace des cycles de T , et $C^*(T)$ l'ouvert de Zariski de C(T) constitué des cycles irréductibles de multiplicité 1. $\overline{C^*(T)}$ est l'adhérence dans C(T) de $C^*(T)$.

Rappelons ([F]) qu'un espace analytique est dit Kählérien s'il existe une forme (1,1) C^∞ que l'on peut localement induire dans des plongements lisses par des formes de Kähler.

Le but ici est de démontrer le :

Théorème 3.- Soit T un tore complexe. $\overline{C^*(T)}$ est un espace analytique Kählérien.

Ce résultat, démontré plus loin, admet les conséquences suivantes ; dont la démonstration est immédiate :

Corollaire 1.- Soit X un sous-espace analytique localement fermé d'un tore T . $\overline{C^*(X)}$ est un espace analytique Kählérien.

Corollaire 2.- Soient X un sous-espace analytique localement fermé d'un tore, Y un espace normal et $f : X \to Y$ un morphisme propre surjectif à fibres de dimension pure et constante sur les composantes connexes de Y , et génériquement irréductibles (sur Y) .

Y est un espace analytique Kählérien.

Démontrons alors le théorème 3 : Soit C une composante connexe de $\overline{C^*(T)}$; en vertu du théorème de [C] sur la structure des espaces de cycles des tores complexes, il existe une variété abélienne A et une composante connexe C_A de $\overline{C^*(A)}$, ainsi qu'un tore quotient de T , T' tels que C soit naturellement muni d'une projection $p : C \to T'$ qui en fait un fibré localement trivial de base T' , de fibre C_A et de groupe structural A , ce groupe agissant par translations sur C_A . De plus, ce fibré admet une description par un cocycle constitué de fonctions de transition constantes dans les ouverts dans lesquels elles sont définies, puisqu'il en est ainsi lorsque l'on considère deux tores $T_2 \subset T_1$ et la structure de fibré principal de base (T_1/T_2) et de fibre T_2 sur T_1, déduite du morphisme quotient $T_1 \to (T_1/T_2)$.

<u>Lemme</u>.- Soit G un groupe de Lie réel compact agissant différentiablement par automorphismes analytiques sur un espace analytique complexe Kählérien X . Il existe alors sur X une métrique Kählérienne invariante par G .

Avant de démontrer ce lemme, montrons comment il entraîne le théorème 3 : Le groupe A agit analytiquement sur C_A par automorphismes analytiques, et C_A est un espace algébrique projectif compact, donc un espace Kählérien. Il existe donc sur C_A une métrique Kählérienne invariante par l'action de A . Soit Ω une telle métrique. Soit Ω' une métrique Kählérienne sur T' . La somme directe $\omega = \Omega + \Omega'$ définit alors une métrique Kählérienne globale sur C . CQFD.

Il reste la :

<u>démonstration du lemme</u> : On considère sur G la mesure de Haar normalisée dg , et l'on pose, si ω est une forme Kählérienne sur X ;

$$\omega' = \int_G g^*(\omega)\, dg \ .$$

ω' est alors une forme de même type que ω, est C^∞ sur X et est invariante par les transformations de G .

Il reste donc à montrer qu'elle peut être, au voisinage de chaque point de X , induite par une forme Kählérienne dans un plongement lisse.

Soient donc : U un voisinage ouvert d'un point x_o de X ; $j : U \to V \subset \mathbb{C}^n$ un plongement localement fermé ; U' et V' des ouverts de X et V respectivement , relativement compacts dans U et V respectivement, et tels que $j(U') = j(U) \cap V'$.

On suppose de plus que V' est un voisinage privilégié de $j(x_o)$ pour les faisceaux $\mathcal{O}_{V'}$ et $\mathcal{O}_{j(U')}$.

Soit G_o le voisinage ouvert de l'élément neutre e de G dans G constitué des g tels que $g \cdot \overline{U}' \subset U$.

G étant compact, il existe un nombre fini d'éléments de G , $g_o = e$, $g_1, \ldots, g_m$ tels que, en posant $I = \{0, 1, \ldots, m\}$:

- Les $G_i = (g_i \cdot G_o)$ pour i dans I forment un recouvrement ouvert de G.

- Les $(G_i \cdot U')_{i \in I}$ forment un recouvrement ouvert d'un voisinage ouvert dans X de X_o, l'orbite de x_o sous l'action de G.

Pour tout i de I, $(j \circ g_i^{-1})$ est un plongement fermé de $(g_i \cdot U)$ dans V. Soient $(\omega_i)_{i \in I}$ des formes Kählériennes sur V telles que $(j \circ g_i^{-1})^*(\omega_i) = \omega|_{g_i \cdot U}$ pour tout i de I.

Soit enfin $(\ell_i)_{i \in I}$ une partition C^∞ de l'unité sur G subordonnée au recouvrement G_i.

Puisque V' est privilégié pour les faisceaux $\mathcal{O}_{V'}$ et $\mathcal{O}_{j(U')}$, il existe une application C^∞ $\varphi_o : G_o \times \overline{V'} \to V$ telle que

- sa restriction à chaque $g \times \overline{V'}$ est analytique. On notera alors $\tilde{g}$ l'application analytique $\overline{V'} \to V$ ainsi définie.

- Pour tout (g,u) de $G_o \times \overline{U'}$ on a l'égalité :

$$\varphi_o(g, j(u)) = j(g \cdot u) \quad .$$

Pour tout i de I, on définit alors la fonction $\varphi_i : G_i \times \overline{V'} \to V$ par $\varphi_i(g,u) = \varphi_o(g_i^{-1} \cdot g, u)$ pour tout (g,u) de $G_i \times \overline{V'}$: elle jouit de propriétés analogues à celles de φ_o. Pour tout g de G_i, on désigne par $\tilde{g}_i$ l'application analytique de $\overline{V'}$ dans V obtenue par restriction de φ_i à $g \times \overline{V'}$.

Sur V' on définit alors la forme différentielle Ω' par :

$$\Omega' = \sum_{i \in I} \int_{G_i} \ell_i(g) \cdot (\tilde{g}_i)^*(\omega_i)\, dg \quad .$$

Il est facile de vérifier que c'est une forme de Kähler et que $j^*(\Omega') = \omega'|_{U'}$.

Ceci démontre le lemme et donc le théorème 3.

Remarques :

. L'espace des diviseurs d'un tore T (et non seulement son intersection avec $\mathcal{C}^*(T)$) est un espace Kählérien au sens fort, puisqu'il est isomorphe à l'espace des diviseurs de sa réduction algébrique.

. Les arguments du théorème 3 permettent de montrer que $\mathcal{C}(T)$ est un espace Kählérien, à condition de savoir démontrer que $\mathrm{Sym}^k(T)$ l'est pour tout entier k. Ce problème présente cependant des difficultés, même pour $k = 2$.

Appendice 2.-

L'espace des cycles d'un espace Kählérien faible est Kählérien faible

Un espace analytique complexe réduit Z est dit faiblement Kählérien s'il existe une variété analytique Kählérienne (au sens classique) Z' dont les composantes connexes sont compactes, et un morphisme surjectif $\varphi : Z' \to Z$. Remarquer que les composantes irréductibles de Z sont alors compactes et appartiennent à la classe $\mathcal{C}$ de Fujiki ([F]) .

On peut démontrer les propriétés suivantes :

Les produits, sous-espaces fermés, images propres et modifications propres d'espaces faiblement Kählériens sont faiblement Kählériens.

En fait, de ces propriétés, seule la dernière n'est pas évidente et résulte des faits suivants :

- le théorème d'aplatissement d'Hironaka, qui permet de se ramener au cas des éclatements.

- Le fait qu'un éclatement est un morphisme projectif, et conserve donc le caractère Kählérien (voir [F]) .

Dans [F] , Fujiki a démontré que, si Z est un espace faiblement Kählérien, les composantes irréductibles de $\mathcal{C}(Z)$ et de red. D(Z) sont compactes.

Nous allons démontrer le :

Théorème 1.- Si Z est un espace faiblement Kählérien, $\mathcal{C}(Z)$ est un espace faiblement Kählérien.

Remarques :

Les réductions effectuées par Fujiki dans [F] permettraient, en fait, à l'aide du résultat ci-dessus, de montrer que red. D(Z) , le réduit de l'espace de Douady de Z , est aussi faiblement Kählérien.

Il est probable que cette conclusion subsiste aussi pour le réduit de l'espace de Douady d'un faisceau cohérent dont la base est faiblement Kählérienne.

Démonstration du théorème : Il suffit de montrer que les composantes irréductibles de $\mathcal{C}(Z)$ sont faiblement Kählériennes. Soit donc S une telle composante, soient G son graphe dans $S \times Z$ et $X = p_Z(G)$ la projection de G sur Z. Puisque S est compacte et G S-propre, G et X sont compacts, et S est alors aussi une composante irréductible de $\mathcal{C}(X)$.

Le théorème 1 résulte alors de la proposition ci-dessous, appliquée au couple (X,S).

En effet, si, dans cette proposition, on suppose que X est faiblement Kählérien, ce qui est vrai dans l'hypothèse du théorème 1, alors $\mathrm{Sym}^{k_S}(X)$ l'est aussi, ainsi que Y_S et $\tilde{Y}_S$, donc aussi S. CQFD.

Proposition.- Soit X un espace analytique compact, S un sous-espace analytique compact de $\mathcal{C}(X)$; il existe alors un entier k_S, un sous-espace analytique fermé Y_S de $\mathrm{Sym}^{k_S}(X)$, une modification propre $m : \tilde{Y}_S \to Y_S$ et un morphisme surjectif $\mu : \tilde{Y}_S \to S$.

Cette proposition résultera du théorème 2 ci-dessous.

Quelques préliminaires sont nécessaires, avant d'énoncer le théorème 2, sur lequel repose essentiellement le théorème 1.

Nous allons associer à toute famille $(X_s)_{s \in S}$ analytique de cycles de Z (quelconque) paramétrée par un espace réduit S (quelconque) la famille $(\mathrm{Sym}^k(X_s))_{s \in S}$ comme suit :

Désignons par $X \subset S \times Z$ le graphe de la famille $(X_s)_{s \in S}$, et par $\varphi_k : X \underset{S}{\times} X \underset{S}{\times} \cdots \underset{S}{\times} X \underset{S}{\times} X \to S \times \mathrm{Sym}^k(Z)$ le morphisme qui, à $(s, x_1), (s, x_2), \ldots, (s, x_k))$ associe $(s, \sigma_k(x_1,\ldots,x_k))$, où $\sigma_k : Z^k \to \mathrm{Sym}^k(Z)$ est le quotient.

Il est alors facile de vérifier les propriétés suivantes :

- φ_k est propre, pour tout k, et $X^{(k)}$, son image, est S-propre.

- Pour toute composante irréductible C de $X^{(k)}$, il existe un entier h_C et un unique (à l'ordre près) h_C-uplet $(C_1,\ldots,C_{h_C})$ de composantes irréductibles de $X = X^{(1)}$ tels que $\varphi_k(C_1 \underset{S}{\times} \cdots \underset{S}{\times} C_{h_C}) = C$.

- Si μ_i est la multiplicité de C_i dans le cycle fermé X de $S \times Z$, pour $i = 1, \dots, h_C$, on attribue alors à C la multiplicité $\mu_C = \prod_{i=1}^{h_C} \mu_i$, et le cycle fermé $X^{(k)} = (\sum_C \mu_C \cdot C)$ de $S \times \mathrm{Sym}^k(Z)$ est le graphe d'une famille faiblement analytique de cycles de $\mathrm{Sym}^k(Z)$ paramétrée par S, et notée $(\mathrm{Sym}^k(X_s))_{s \in S}$. Si n est la dimension (pure) des cycles de $(X_s)_{s \in S}$, alors $(k \cdot n)$ est la dimension (pure) des cycles de $(\mathrm{Sym}^k(X_s))_{s \in S}$. (La famille $(\mathrm{Sym}^k(X_s))_{s \in S}$ est probablement analytique, mais cette précision est inutile ici.)

Notons alors respectivement p_k et q_k les restrictions à $X^{(k)}$ des projections de $S \times \mathrm{Sym}^k(Z)$ sur S et $\mathrm{Sym}^k(Z)$.

<u>Théorème 2</u>.- Soit Z un espace analytique, et S un sous-espace analytique compact de $\mathcal{C}(Z)$. $X^{(k)}$ est alors compact pour tout entier k, et il existe un entier $K(S)$ tel que :

$$q_k : X^{(k)} \to q_k(X^{(k)}) \text{ soit une modification pour tout } k \geq K(S).$$

<u>Démonstration</u> : On peut supposer que S est irréductible, et que, génériquement sur S, $X_s = 1 \cdot |X_s|$; en effet, les morphismes q_k ne dépendent pas des multiplicités des composantes irréductibles de X.

Soit alors s un point de S et $x = (x_n)_{n \in \mathbb{N}^*} = (x_1, \dots, x_n, \dots)$ une suite de points de $|X_s|$ dont la réunion est dense dans $|X_s|$.

Pour tout entier k, on voit donc que $\sigma_k(x_1, \dots, x_k)$ appartient à $q_k(X^{(k)})$ et l'on pose :

$$S_k((x_n)_{n \in \mathbb{N}}) = p_k(q_k^{-1}(\sigma_k(x_1, \dots, x_k))) \quad :$$

c'est un sous-espace analytique compact de S qui contient s.

On pose alors $S(s) = \bigcap_{k=1}^{+\infty} S_k((x_n)_{n \in \mathbb{N}^*})$: c'est un sous-espace analytique compact de S qui contient s. Il est facile de vérifier qu'il ne dépend pas de la suite $(x_n)_{n \in \mathbb{N}^*}$ puisqu'il coïncide avec l'ensemble de s' de S tels que $|X_{s'}| \supseteq |X_s|$.

D'autre part, puisque la suite $S_k((x_n)_{n \in \mathbb{N}^*})$ est une suite décroissante (avec k) de sous-espaces analytiques compacts de S , il existe un entier $k((x_n)_{n \in \mathbb{N}^*})$ tel que $S(s) = S_{k((x_n)_{n \in \mathbb{N}})}((x_n)_{n \in \mathbb{N}})$. Soit alors $k(s)$ la borne inférieure des entiers $k((x_n)_{n \in \mathbb{N}})$ lorsque $(x_n)_{n \in \mathbb{N}}$ décrit l'ensemble des suites (x_n) dont la réunion est dense dans $|X_s|$.

Nous désignons dans la suite par $C^*(Z)$ l'ouvert de Zariski de $\mathcal{C}(Z)$ constitué des cycles dont le support est irréductible, et affecté de la multiplicité 1 ; $\overline{C^*(Z)}$ est son adhérence dans $\mathcal{C}(Z)$.

Montrons maintenant qu'il existe un ouvert de Zariski dense S' de S tel que l'on ait l'égalité : $S(s) = \{s\}$ si s appartient à S' .

Pour cela, introduisons le sous-ensemble σ de $S \times S$ défini par la condition :

(s, s') appartient à σ si et seulement si $|X_s| \subseteq |X_{s'}|$.

Notons Δ_S la diagonale de $S \times S$, qui est contenue dans σ , et p_1 et p_2 respectivement les projections de $S \times S$ sur ses premier et second facteur.

Notons $\mu : S \to \mathbb{N}^*$ l'application "multiplicité totale des cycles", définie par : $\mu(s) = (\sum_{i \in I_s} n_i)$ si $X_s = (\sum_{i \in I_s} n_i \cdot X_{i,s})$. Notons μ_o la borne inférieure de l'ensemble $\mu(S)$, et par S_1 le sous-ensemble de S égal à $\mu^{-1}([\mu_o + 1, +\infty[)$.

Utilisant alors le fait (voir [C]) que l'application d'"addition des cycles" $A : \bigcup_{n=1}^{+\infty} \mathrm{Sym}^n(\overline{C^*(Z)}) \to C(Z)$ est propre, finie et surjective, il est facile de vérifier les faits suivants :

- S_1 est un sous-ensemble analytique fermé (donc négligeable) de S .
- σ est un sous-ensemble analytique fermé de $S \times S$.

Comme la restriction de p_2 à σ est manifestement finie, et que si (s, s') appartient à $(\sigma - \Delta_S)$, alors s' appartient à S_1 , on obtient que :

• $\dim(\sigma) = \dim(S)$ et donc que Δ_S est une composante irréductible de σ .

• si l'on note σ' la réunion des composantes irréductibles de σ différentes de Δ_S , les inégalités suivantes sont vraies :

$\dim(\sigma') \leqslant \dim(S_1) < \dim(S)$.

Il en résulte que $p_2(\sigma')$ est un sous-ensemble négligeable et analytique fermé de S .

Il suffit donc de prendre pour S' l'ouvert de Zariski $(S - p_2(\sigma'))$.

Montrons maintenant que $q_k : X^{(k)} \to q_k(X^{(k)})$ est une modification, si k est assez grand.

Pour cela, on peut supposer que X est irréductible, donc aussi $X^{(k)}$, pour tout $k \geqslant 1$.

Soit s_o un point de S' , et $k \geqslant k(s_o)$. Soit $x = (x_n)_{n \in \mathbb{N}^*}$ une suite de points de $|X_{s_o}|$ dont la réunion est dense dans $|X_{s_o}|$, et telle que $k(x) = k(s_o)$.

Puisque $S(s_o) = \{s_o\}$, $q_k^{-1}(\sigma_k(x_1,\ldots,x_k)) = \{s_o\}$, et il en résulte que q_k est génériquement finie sur $X^{(k)}$, c'est-à-dire que $\dim(q_k(X^{(k)})) = \dim(X^{(k)})$, puisque $X^{(k)}$ est irréductible.

Notons alors $\delta(k)$ le degré générique du morphisme q_k , pour k supérieur ou égal à $k(s_o)$.

Pour démontrer le théorème 2, il suffit de démontrer que $\delta(k) = 1$ pour k assez grand. Nous allons démontrer que c'est le cas si $k \geqslant (k(s_o) + \mu_o)$, où μ_o est l'entier défini ci-dessus.

Lorsque s est un point de S , on note $X_s^{(k)} = p_k^{-1}(s)$.

<u>Lemme</u>.- Soient s_o un élément de S , et k un entier tel que $q_k^{-1}(z)$ soit un ensemble fini pour tout point z d'un ouvert de Zariski non vide de $q_k(X_{s_o}^{(k)})$.

Alors, il existe un ouvert de Zariski non vide de $q_{k+\mu_o}(X_{s_o}^{(k+\mu_o)})$ tel que $q_{k+\mu_o}^{-1}(z') = \{s_o\}$ pour tout point z' de cet ouvert.

Démonstration : Soit, en effet, $z = \sigma_k(x_1,\dots,x_k)$ un élément de $q_k(X_{s_o}^{(k)})$ tel que $q_k^{-1}(z)$ soit l'ensemble fini $\{s_o,s_1,\dots,s_n\}$. Un élément $z'' = \sigma_{\mu_o}(x'_1,\dots,x'_{\mu_o})$ de $q_{\mu_o}(X_{s_o}^{(\mu_o)})$ est tel que $q_{k+\mu_o}^{-1}(\sigma_{k+\mu_o}(x_1,\dots,x_k,x'_1,\dots,x'_{\mu_o}))$ soit réduit à $\{s_o\}$ si et seulement si, pour tout $i = 1,\dots,n$, il existe un $j = 1,\dots,\mu_o$ tel que x_j n'appartienne pas à s_i . Cependant, dans les hypothèses du lemme, pour chaque i , il existe une composante irréductible de X_s qui n'est pas contenue dans $|X_{s_i}|$. Puisque X_s a alors μ_o composantes irréductibles, on voit que la condition portant sur z'' est réalisée dans un ouvert de Zariski non vide (mais non nécessairement dense) de $q_{\mu_o}(X_{s_o}^{(\mu_o)})$, pour z fixé mais quelconque dans l'ouvert de Zariski de $q_k(X_{s_o}^{(k)})$ des hypothèses du lemme.

Un argument de dimension suffit alors pour démontrer le lemme. CQFD.

Pour achever la démonstration du théorème 2, il suffit alors d'observer que, pour $k \geqslant k(s_o)$, (où s_o est un élément arbitraire de S') , l'ensemble des s satisfaisant la condition du lemme constitue un ouvert de Zariski dense de S puisque $X^{(k)}$ est irréductible, et q_k génériquement finie. Un argument de dimension montre alors que $\delta(k + \mu_o) = 1$. CQFD.

La proposition résulte du théorème 2 en prenant pour m , μ , $\widetilde{Y}_S$ et Y_S respectivement les objets suivants : q_{k_S} , p_{k_S} , $X^{(k_S)}$ et $q_{k_S}(X^{(k_S)})$

Remarques :

- La quantité $k(S) = \inf_{s \in S} (k(s))$ est intrinsèquement attachée à S , et possède l'interprétation suivante : $k(S)$ points d'un cycle de la famille $(X_s)_{s \in S}$, "en position générale", déterminent ce cycle.

- Les méthodes utilisées ici ne permettent pas d'aborder la question "fine" : si Z est Kählérien au sens fort, $\mathcal{C}(Z)$ l'est-il aussi ? Cependant, une réponse à la question suivante : tout espace Kählérien faible admet-il une désingularisation qui est une variété Kählérienne ? permettrait de mieux évaluer la distance séparant les deux propriétés (faible et forte) Kählérienne.

BIBLIOGRAPHIE

[B] D. BARLET, Espace analytique réduit .... Lecture notes 482.

[C] F. CAMPANA, Images directes de cycles, application à l'espace des cycles des tores (dans ce volume)

[F] A. FUJIKI, Closedness of the Douady space ... Publ. RIMS 14 (1978).

IMAGES DIRECTES A SUPPORTS PROPRES DANS LE CAS D'UN MORPHISME FORTEMENT q-CONCAVE

par

J. L. ERMINE

"Nous allons pouvoir commencer à jouer avec les petites lettres de l'algèbre qui transforment la géométrie en analyse"

Jacques Lacan (Séminaire XI)

INTRODUCTION

Sur les espaces analytiques q-concaves, on a les théorèmes de finitude classiques suivants (cf par ex. [1] [5] : Si X est un espace analytique fortement q-concave et $\mathfrak{F}$ un faisceau cohérent sur X, alors :

$$H^k(X, \mathfrak{F}) \text{ est de dimension finie pour } k \leq \text{prof}_X \mathfrak{F} - q - 2$$

$$H^k_c(X, \mathfrak{F}) \text{ est de dimension finie pour } k \geq q + 2$$

L'analogue de ces théorèmes dans le cas relatif s'énonce ainsi : si

$$f \; X \to Y$$

est un morphisme fortement q-concave d'espaces analytiques, (cf la définition au § III), $\mathfrak{F}$ un faisceau cohérent sur X, alors :

$$R^k f_* \mathfrak{F} \text{ est cohérent pour } k \leq \text{prof}_X \mathfrak{F} - q - 2 - \dim Y$$

$$R^k f_! \mathfrak{F} \text{ est cohérent pour } k \geq q+2$$

(H^k_c désigne la cohomologie à supports compacts et $R^k f_!$ l'image directe à supports propres).

La première assertion a été démontrée par J. P. RAMIS et G. RUGET dans [7]. La seconde est l'objet de cet article.

Pour calculer les images directes, on dispose jusqu'alors de l'analogue relatif du complexe de CECH d'un recouvrement $\mathcal{U}$ par des ouverts de Stein, ce sont les $\mathcal{U}$-trivialisations ([7]).

Pour calculer $Rf_! \mathfrak{F}$, on désire utiliser l'analogue relatif du calcul de la cohomologie à supports compacts par un complexe de cochaines finies d'un recouvrement $\mathcal{K}$ par des compacts de Stein.

Pour cela il est aisé de construire des "$\mathcal{K}$-trivialisations" qui sont en quelque sorte des limites inductives de $\mathcal{U}$-trivialisations, toutes les propriétés sur les compacts se traduisant en fait par des propriétés au voisinage des compacts.

Ceci fait, une fois obtenu un représentant de $Rf_! \mathfrak{F}$ par $\mathcal{K}$-trivialisation, on en déduit en adaptant le Lemme I de Forster-Knorr ([2]), un autre représentant borné à droite, construit avec des modules libres de type fini. Malheureusement ce représentant, construit par analogie avec les images directes à supports quelconques, ne permet pas de traduire des applications de prolongement par zéro nécessaires à l'application en vue (cf infra). Il faut donc construire un second représentant de $Rf_! \mathfrak{F}$ qui rendra cette opération possible : on part d'un recouvrement ouvert (pour avoir les topologies adéquates) et on calcule $Rf_! \mathfrak{F}$ non plus comme une cohomologie, mais comme une homologie. On obtient finalement un complexe de modules de type D F N, borné à droite : $M^{\bullet}$

On songe alors à utiliser le théorème "d'épuisement" pour les morphismes q-concaves démontré dans [5] :

Si f^d désigne la restriction de f à X^d (voir § III), le morphisme

$$Rf^d_! \mathfrak{F} \to Rf_! \mathfrak{F}$$

est un (q+2)-quasi-isomorphisme ; et ensuite se servir des théorèmes de finitude sur les complexes ([3] ou [4]) pour conclure.

Mais hélas, le quasi-isomorphisme ainsi construit n'est pas nucléaire . On constate cependant que tout complexe de chaînes ou de cochaines s'écrit comme limite inductive des complexes de chaînes ou de cochaînes à support dans un ensemble fini d'indices , c'est-à-dire qui sont nulles si leur multi-indice ne provient pas d'un sous-ensemble fini donné de l'ensemble des indices.

On reprend donc cette idée, et l'on constate que les représentants $M^{\cdot}$ de $Rf_! \mathcal{F}$, ${}_dM^{\cdot}$ de $Rf_!^d \mathcal{F}$, s'écrivent $\varinjlim_J M^{\cdot}_J$ et $\varinjlim_J {}_dM^{\cdot}_J$ et que les morphismes :

$${}_dM^{\cdot}_J \rightarrow M_J$$

sont nucléaires et donc que l'application représentant

$$Rf_!^d \mathcal{F} \rightarrow Rf_! \mathcal{F}$$

est limite inductive d'applications nucléaires.

La conclusion de cohérence pourra alors être donnée si l'on dispose d'un théorème de finitude sur les complexes pour de telles applications. Cela demande alors d'adapter les démonstrations connues d'un tel théorème.

Voici comment nous procéderons :

Dans la première partie, nous démontrerons, conformément à ce qui vient d'être dit, un théorème de finitude pour les applications limite inductive d'applications nucléaires. Nous suivrons pour cela, en l'adaptant à la situation, le schéma de [3]. Comme dans cet article, nous nous sommes placés dans le cadre bornologique. Cela permet en effet de mieux comprendre les mécanismes en jeu et nous évite de trainer des structures telles que Fréchet nucléaire , dual de Fréchet nucléaire (ou Fréchet Schwartz) et leur limite inductive !:. les espaces considérés par la suite étant tous bornologiques et topologiques. Notre utilisation des espaces bornologiques s'arrêtera là, et, bien que ce soit possible , nous n'utiliserons pas les espaces annelés en algèbres bornologiques de Houzel.

Dans la deuxième partie, après avoir défini les $\mathcal{K}$-trivialisations, nous construirons un premier représentant de $Rf_! \mathcal{F}$ conformément aux idées de Forster-Knorr, puis parallèlement, un second représentant adéquat aux applications projetées.

Dans la dernière partie, nous montrerons que nous sommes dans les conditions d'application du théorème de la première partie, ce qui donnera le résultat final.

Terminons cette introduction en signalant que J. P. Ramis avait conjecturé ce résultat dans [5], et que ce sont ses conseils qui ont permis l'aboutissement de ce travail. Je remercie également J. B. Poly qui m'a aidé dans les dernières mises au point.

I - THEOREME DE FINITUDE POUR LES COMPLEXES

I - Systèmes Inductifs

Soit $(A_\alpha)_{\alpha \in \Lambda}$ un système inductif d'anneaux, et $(M_\alpha)_{\alpha \in \Lambda}$ un système inductif de A_α -modules. $M = \varinjlim M_\alpha$ est muni d'une structure de module sur $A = \varinjlim A_\alpha$. Nous noterons ainsi les applications naturelles suivantes :

$$i_\alpha^M : M_\alpha \to M$$

$$i_{\beta\alpha}^M : M_\alpha \to M_\beta$$

Soit $(M_\alpha)_{\alpha \in \Lambda}$ un système inductif d'espaces bornologiques ; sur $M = \varinjlim M_\alpha$ on met la bornologie suivante : si (B_i^α) est une base de la bornologie de M_α, l'ensemble des $i_\alpha^M (B_i^\alpha)$ est une base de la bornologie de M.

Dans la suite, nous ne considérerons que des systèmes inductifs dénombrables d'espaces bornologiques qui vérifient la propriété suivante :

$$M = \varinjlim M_\alpha \quad \text{est séparé.}$$

Rappelons de plus que si B est un borné de $M = \varinjlim M_\alpha$, pour tout α il existe un borné B_α de M_α tel que $i_\alpha^M (B_\alpha) = B$.

Si $(M_\alpha, i_{\beta\alpha}^M)$ est un système inductif (dont la limite est séparée) alors le système $(M_\alpha^\vee, {}^t i_{\beta\alpha}^M)$, des espaces duaux (bornologiques) est un système projectif (dont la limite est séparée).

Soit $(A_\alpha)_{\alpha \in \Lambda}$ un système inductif d'algèbres bornologiques complètes et multiplicativement convexes, $A = \varinjlim A_\alpha$ est une algèbre bornologique complète et multiplicativement convexe. Dans la suite, nous considérerons toujours un tel système.

Rappelons qu'une application linéaire bornée f entre deux espaces bornologiques E et F est dite nucléaire s'il existe une suite (λ_i) de scalaires absolument sommable, une suite bornée de F (y_i), une suite bornée de $E^\vee$ (x'_i) tels que :

$$f(x) = \sum_i \lambda_i \; x'_i(x) \; y_i$$

on note :

$$f = \Sigma \; \lambda_i \; y_i \otimes x'_i$$

Soient $(M_\alpha)_{\alpha \in \Lambda}$ et $(N_\alpha)_{\alpha \in \Lambda}$ deux systèmes inductifs de A_α -modules bornologiques et un système inductif d'applications A_α -linéaires bornées $(f_\alpha)_{\alpha \in \Lambda}$.

DEFINITION 1 : Le système $(f_\alpha)_{\alpha \in \Lambda}$ est dit système inductif A_α-nucléaire si il existe :

i) Pour tout entier i une suite convergente de scalaire $(\lambda_i^\alpha)_{\alpha \in \Lambda}$

ii) Pour tout entier i, un système inductif $(y_i^\alpha)_{\alpha \in \Lambda}$ de $(N_\alpha)_{\alpha \in \Lambda}$

iii) Pour tout entier i, un système projectif $(x'^{\alpha}_i)_{\alpha \in \Lambda}$ de $(\overset{\vee}{M}_\alpha)_{\alpha \in \Lambda}$

tel que pour tout $\alpha \in \Lambda$ l'application $f_\alpha \; M_\alpha \to N_\alpha$ soit nucléaire et s'écrive :

$$f_\alpha(x) = \Sigma \; \lambda_i^\alpha \; x'^{\alpha}_i(x) \; y^\alpha_i$$

$$(\text{i.e. } \; f = \Sigma \; \lambda_i^\alpha \, y_i^\alpha \otimes x'^{\alpha}_i)$$

Cela revient à dire que pour tout $\alpha \in \Lambda$, $(\lambda_i^\alpha)_{i \in \mathbb{N}}$ est absolument sommable, que $(y_i^\alpha)_{i \in \mathbb{N}}$ est borné dans N_α, et que $(x'^{\alpha}_i)_{i \in \mathbb{N}}$ est borné dans $\overset{\vee}{M}_\alpha$.

DEFINITION 2 : Soit $(f_\alpha)_{\alpha \in \Lambda}$ un système inductif A_α -nucléaire, l'application $f = \underset{\rightarrow}{\lim} f_\alpha$ est dite L-A-nucléaire.

Si l'on note $x'_i = \underset{\leftarrow}{\lim} \; x'^{\alpha}_i$, $y_i = \underset{\rightarrow}{\lim} \; y_i^\alpha$ et $\lambda_i = \lim \lambda_i^\alpha$ on peut écrire :

$$f = \Sigma \; \lambda_i \, y_i \otimes x'_i$$

Il ne s'agit que d'une convention d'écriture, f n'est pas nécessairement nucléaire $((y_i)_{i \in \mathbb{N}}$ et $(x'_i)_{i \in \mathbb{N}}$ ne sont pas bornées).

2 - Un théorème de Schwartz

THEOREME I : Soient deux A-modules bornologiques séparés complets E et F, où $E = \varinjlim E_\alpha$ soit $f = \varinjlim f_\alpha$ une application L-A-nucléaire de E dans F, g un épimorphisme semi-strict (*) de E dans F. Le conoyau de $f + g$ est un A-module de type fini.

LEMME I : Le théorème est vrai s'il est vrai pour $E = F$ et $g = \mathrm{Id}$.

On écrit : $f_\alpha = \Sigma \lambda_i^\alpha y_i^\alpha \otimes x'^\alpha_i$ $(y_i^\alpha)_{i \in \mathbb{N}}$ étant une suite bornée dans F

g étant semi-strict, il existe une suite bornée dans E, donc dans un E_α, soit z_i^α, telle que :

$$g \circ i_\alpha^E (z_i^\alpha) = y_i^\alpha$$

Posons $f'_\alpha = \Sigma \lambda_i^\alpha z_i^\alpha \otimes x'^\alpha_i$ et $f' = \varinjlim f'_\alpha$ f' est L-A-nucléaire de E dans E et $g \circ f' = f$. Donc $g + f = g \circ (\mathrm{Id} + f')$ d'où le lemme I.

Nous supposerons donc désormais que $E = F$ et $g = \mathrm{Id}$.

Ecrivons f sous la forme $f = \Sigma \lambda_i y_i \otimes x'_i$. On sait qu'il existe α dans Λ et une suite bornée $(y_i^\alpha)_{i \in \mathbb{N}}$ dans E_α tels que :

$$f_\alpha (y_i^\alpha) = y_i$$

De plus $(x'^\alpha_i)_{i \in \mathbb{N}} = (x'_i \circ i_\alpha^E)_{i \in \mathbb{N}}$ est une suite bornée dans $\overset{\vee}{E}_\alpha$. Donc $(v_{i,j})_{(i,j) \in \mathbb{N}^2} = (\langle y_i^\alpha , x'^\alpha_j \rangle)_{(i,j)} = (x'^\alpha_j (y_i^\alpha))_{(i,j)}$ est borné dans A_α. Il en est de même de $(u_{i,j}) = i_\alpha^A (v_{i,j})$ dans A, A étant multiplicativement convexe, il existe un disque borné B de A multiplicativement stable qui absorbe $(u_{i,j})_{i,j}$,

---

(*) La propriété d'homomorphisme considérée dans la suite est celle dite P, de relèvement des suites bornées, et non la propriété dite P_o, de relèvement des suites qui tendent vers 0. Elle est vérifiée par exemple pour les fréchets munis de leur bornologie naturelle de Von-Neumann et leur limite inductive. La notion de semi-strict s'y rapporte. Elle est donc légèrement différente de [3], mais est identique pour les applications en vue. (En général P n'est pas équivalent à P_o, cf appendice).

i.e. il existe un scalaire μ tel que :

$$\forall (i,j) \in \mathbb{N}^2 \quad u_{i,j} \subset \mu B$$

Soit M le sous-module bornologique de $\mathcal{L}_A(E,E)$ engendré par la famille :

$$(e_{i,j})_{(i,j) \in \mathbb{N}^2} = (y_i \otimes x'_j)_{(i,j) \in \mathbb{N}^2}$$

auquel on a rajouté l'élément unité Id, M peut s'écrire :

$$M = A(Id) \oplus_{i,j} A\, e_{i,j}$$

<u>LEMME II</u> : M <u>est une algèbre bornologique complète quand on la munit de la multiplication</u> :

$$M \times M \to M$$
$$xe_{i,j} \cdot ye_{k,l} \to (y\, u_{j,k} x)\, e_{i,l}$$

Il est clair que M est un espace bornologique complet, car il est somme d'espaces bornologiques complets.

C'est de plus une vérification sans problème qui montre que l'application ci-dessus définit bien une multiplication d'algèbres bornologiques.

<u>LEMME III</u> : $f = f' + f''$ <u>où</u> f' <u>est de rang fini et</u> $f'' + Id$ <u>est inversible dans</u> M.

Rappelons que le rayon spectral d'un élément g d'une algèbre bornologique M est inférieur à $|\lambda|$ si et seulement si il existe un borné P de M tel que pour tout $k \in \mathbb{N}$ on ait $g^k \in \lambda^k P$. Un élément g de M est tel que Id + g est inversible si son rayon spectral est strictement inférieur à I ([3]). Si on a :

$$g = \Sigma \lambda_i y_i \otimes x'_i = \Sigma \lambda_i e_{i,i}$$
$$g^2 = \Sigma \lambda_i \lambda_j u_{i,j} e_{i,j}$$

et par récurrence :

$$g^k = \Sigma \lambda_{i_I} \dots \lambda_{i_k} u_{i_I i_2} \dots u_{i_{k-I} i_k} \in \mu^{k-I} B,$$

Donc la suite $(g^k)_{k \in \mathbb{N}}$ est bornée si $(\mu^{k-I}(\Sigma \lambda_i)^k)_{k \in \mathbb{N}}$ l'est aussi, c'est-à-dire si $|\mu| \Sigma |\lambda_i| \leq I$.

Donc le rayon spectral de g est inférieur à $|\mu| \Sigma |\lambda_i|$.

On a :

$$f = \sum_{i=I}^{\infty} \lambda_i e_{i,i}$$

Il existe un entier l tel que :

$$|\mu| \sum_{i=l}^{\infty} |\lambda_i| < I$$

On pose alors :

$$f' = \sum_{i=I}^{l} \lambda_i y_i \otimes x'_i$$

$$f'' = \sum_{i=l}^{\infty} \lambda_i y_i \otimes x'_i$$

f' est de rang fini, f'' est de rayon spectral strictement inférieur à I, donc Id + f'' est inversible, d'où le lemme III.

Le théorème découle alors directement de ce dernier résultat :

On a :

$$Id + f = (Id + f'') + f'$$

d'où

$$E = (Id + f'')(E) \subset (Id + f)(E) + f'(E)$$

Donc $E/(Id + f)(E)$ est de type fini.

3 - Théorème de finitude pour les complexes

THEOREME II : Soit $(M^{\bullet}_i)_{0 \leq i \leq r}$ une suite de complexes de A-modules bornologiques complets (à différentielles linéaires bornées). Soient pour chaque i un homomorphisme de complexes $u^{\bullet}_i : M^{\bullet}_i \to M^{\bullet}_{i-I}$. On fait les hypothèses suivantes : On suppose $M_i^p = 0$ si $p > b$

i) Les modules M^p_i possèdent la propriété d'homomorphisme ainsi que l'algèbre de base A (*).

ii) Pour tout i, $u^{\bullet}_i$ est un a-quasi-isomorphisme et est L-A-nucléaire en tous degrés.

iii) $r \geq b-a$.

Alors le complexe $M^{\bullet}_o$ est a-pseudo-cohérent .

Pour $i < j$ on notera $u_{ij} = u_j \circ \dots \circ u_i$.

LEMME I : Soit u un épimorphisme semi-strict de N_I dans N_2, soit v une application L-nucléaire de M dans N_2, il existe une application L-nucléaire $\bar{u}$ de N_I dans M telle que :

$$v \circ \bar{u} = u$$

On écrit $v = \Sigma \lambda_i y_i \otimes x'_i = \Sigma \lim \lambda_i^\alpha \varinjlim y_i^\alpha \otimes \varprojlim x'^{\alpha}_i$ $(y_i^\alpha)_i$ est une suite bornée de N_2, il existe donc une suite bornée dans N_I, $(z^\alpha)_{i \in \mathbf{N}}$ telle que

$$u \circ i_\alpha^{N_I}(z_i^\alpha) = i_\alpha^{N_2}(y_i^\alpha)$$

Les $(z_i^\alpha)_{\alpha \in \Lambda}$ forment un système inductif, soit $z_i = \varinjlim z_i^\alpha$ alors $\bar{u} = \Sigma \lambda_i z_i \otimes x'_i$ répond à la question.

(*) Il semblerait qu'il faut ajouter que la somme directe des espaces considérés vérifie aussi la propriété d'homomorphisme. Ceci est en effet énoncé sans démonstration dans [3] et nous n'en connaissons pas de preuve. Heureusement pour l'application en vue de ce Théorème, cette propriété est vérifiée (cf appendice).

LEMME II : Soit f une application L-nucléaire de M dans N et g un homomorphisme de M dans M, (resp. de N dans N) alors $f \circ g$ (resp $g \circ f$) est L-nucléaire.

Si $f_\alpha = \Sigma\, \lambda_i^\alpha \; y_i^\alpha \otimes x'^{\alpha}_i$ alors :

$$f \circ g \; \underset{\rightarrow}{\lim} f_\alpha \circ g = \Sigma \lim \lambda_i^\alpha \underset{\rightarrow}{\lim} (y_i^\alpha) \otimes \underset{\leftarrow}{\lim}\, x'^{\alpha}_i \circ g$$

(resp. $g \circ f = \Sigma \lim \lambda_i^\alpha \underset{\rightarrow}{\lim}\, g\,(y_i^\alpha) \otimes \underset{\leftarrow}{\lim}\, x'^{\alpha}_i$.

L'application :

$$h \to h \circ g$$

est bornée, donc $(x'^{\alpha}_i \circ g)_{i \in \mathbb{N}}$ est bornée dans $M_\alpha^\vee$. (resp. g est bornée donc $(g(y_i^\alpha))_{i \in \mathbb{N}}$ est bornée pour tout α). Ce qui démontre le lemme II.

LEMME III : Avec les hypothèses du théorème, supposons de plus que $H^i(M^\cdot_s)$ est nul (pour tout s) et pour $i \geq n$. Alors pour tout $s \succ b\text{-}n$, il existe une application L-nucléaire :

$$h_i \; M^i_s \to M_0^{i-I} \qquad \text{pour } i \geq n.$$

telle que :

$$d^{i-I} \circ h^i + h^{i+I} \circ d^i = u^i_{s0}$$

(d désigne les différentielles des complexes).

On raisonne par récurrence descendante sur n, la récurrence s'amorçant trivialement puisque les complexes sont bornés à droite.

Supposons l'assertion vraie pour $i \geq n + I$, on est dans la situation décrite par le diagramme suivant :

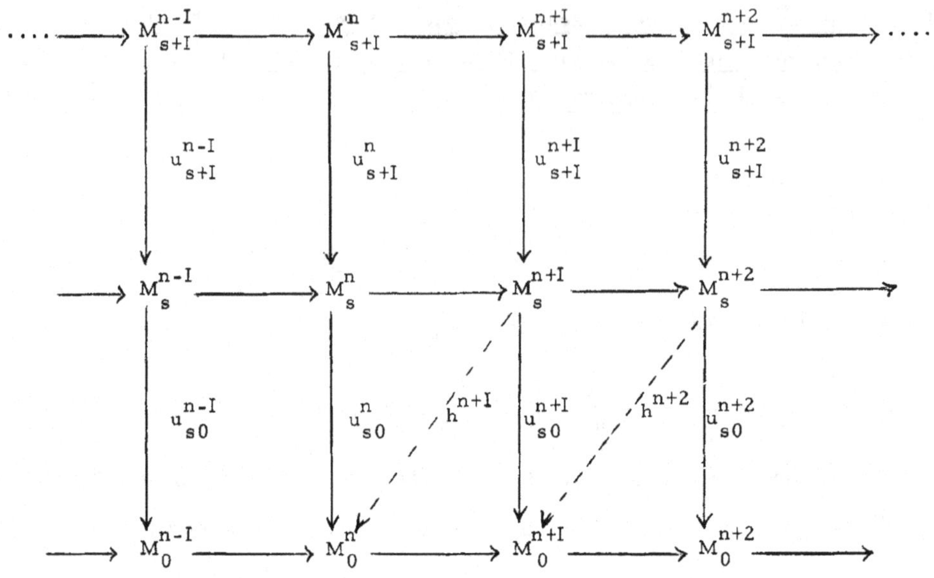

On a : $u^{n+I}_{s0} = d^n \circ h^{n+I} - h^{n+2} \circ d^{n+I}$

d'où : $u^{n+I}_{s0} \circ d^n = d^n \circ u^n_{s0} = d^n \circ h^{n+I} \circ d^n$

donc $d^n \circ (u^n_{s0} - h^{n+I} \circ d^n) = 0$

On a le diagramme suivant :

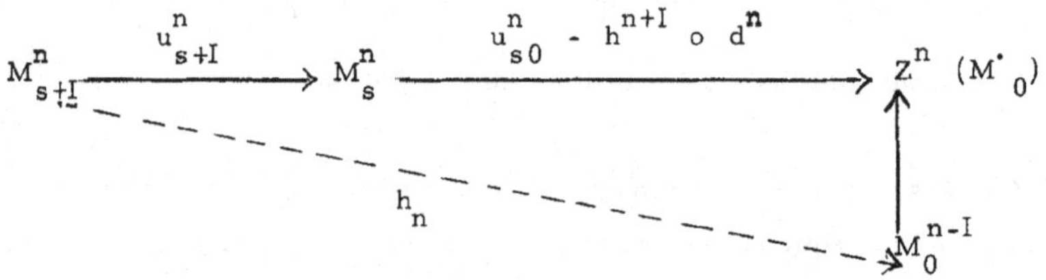

L'application $(u^n_{s0} - h^{n+I} \circ d^n) \circ u^n_{s-I}$ est L-nucléaire d'après le lemme II.

L'application : $d^{n-I} : M^{n-I}_0 \longrightarrow Z^n(M^{\cdot}_0)$ est un épimorphisme semi-strict puisque $H^n(M^{\cdot}_0) = 0$ et que M^{n-I}_0 possède la propriété d'homomorphisme.

Donc d'après le lemme I, il existe une application L-nucléaire :

$$\bar{h}_n : M^n_{s+I} \longrightarrow M^{n-I}_0$$

avec $d^{n-I} \circ \bar{h}_n = (u^n_{s0} - h^{n+I} \circ d^n) \circ u^n_{s+I}$

Soit $\bar{h}_i = h_i \circ u^i_{s+I}$, on a pour $i \geq n$:

$$d^{i-I} \circ \bar{h}_i + \bar{h}^{i+I} \circ d^i = u^i_{(s+I)0}$$

ce qui prouve le lemme III.

<u>LEMME IV :</u> <u>Dans les conditions du lemme III, on a de plus</u> : $H^{n-I}(M^{\cdot}_0)$ <u>est un</u> A-<u>module de type fini</u>.

Soit $0 \leq p \leq r$ avec $p > b-n$. Pour $s < n$ on pose $h^s = 0$ et pour tout i on note :

$$v^i = u^i_{p0} - d^{i-I} \circ h^i - h^{i+I} \circ d^i$$

$V^{\cdot}$ est un morphisme de complexes de $M^{\cdot}_p$ dans $M^{\cdot}_0$ nucléaire en tout degré et nul en degré $\geq n$. De plus :

$$d^{n-I} \circ v^{n-I} = d^{n-I} \circ (u^{n-I}_{p0} - h^n \circ d^{n-I}) = 0$$

donc :

$$\operatorname{Im} v^{n-I} \subset Z^{n-I}(M^{\cdot}_0).$$

De même $w^{\cdot} = v^{\cdot} \circ u^{\cdot}_{p+I}$ est un morphisme de $M^{\cdot}_{p+I}$ dans $M^{\cdot}_0$, L-nucléaire en tout degrés, nul en degré $\geq n$. On a :

$$\operatorname{Im} w^{n-I} \subset Z^{n-I}(M^{\cdot}_0)$$

et

$$Z^{n-I}(M^{\cdot}_0) = \operatorname{Im} w^{n-I} \oplus d\, M^{n-2}_0$$

$$(d, w^{n-I}) : M^{n-2}_0 \oplus M^{n-I}_{p+I} \longrightarrow Z^{n-I}(M^{\cdot}_0) \quad \text{est surjective}$$

$$(o, w^{n-I}) : M^{n-2}_0 \oplus M^{n-I}_{p+I} \longrightarrow Z^{n-I}(M^{\cdot}_0) \quad \text{est L-nucléaire}$$

donc, d'après le théorème I :

$$\operatorname{coker}\left((d, w^{n-I}) - (0, w^{n-I})\right) = H^{n-I}(M^{\bullet}_0) \text{ est de type fini.}$$

Démonstration du théorème : On raisonne par récurrence sur n, où n vérifie les hypothèses du lemme III. La récurrence s'amorce pour $n = a+2$. Pour $n = a$ le résultat est trivial pour $n = a+1$, le lemme IV implique que $H^{n-I}(M^{\bullet}_0) = H^a(M^{\bullet}_0)$ est de type fini (mais pas nécessairement $H^q(M^{\bullet}_r)$ $r > o$). Il existe un module libre de type fini L, et un épimorphisme :

$$L \longrightarrow H^{n-I}(M^{\bullet}_0)$$

On en déduit un autre épimorphisme

$$L \longrightarrow H^{n-I}(M^{\bullet}_r)$$

qui se relève en un morphisme :

$$L \longrightarrow Z^{n-I}(M^{\bullet}_r)$$

si l'on désigne par $L^{\bullet}$ le complexe nul en tout degré sauf en degré n-I où il vaut L, on a par composition des morphismes de complexes :

$$L^{\bullet} \longrightarrow M^{\bullet}_i \qquad 0 \leq i \leq r$$

Soient $C^{\bullet}_i$ les cylindres de ces morphismes, ils sont acycliques en degrés $\geq$n-I ; de plus , on a des applications L-nucléaires

$$C^{\bullet}_i \longrightarrow C^{\bullet}_{i-I}$$

qui sont des a-quasi-isomorphismes.

Les complexes $C^{\bullet}_i$ sont alors a+1 pseudo-cohérents par hypothèse de récurrence.

On en déduit que le complexe $M^{\bullet}_0$ est a-pseudo-cohérent.

II - REPRESENTATION DE $Rf_! \mathcal{F}$

Soit X un espace analytique paracompact de dimension bornée et

$$f : x \rightarrow Y$$

un morphisme dans un autre espaces analytique.

Pour tout point y de Y, on considère un voisinage K compact de Stein de y, et on note

$$K' = f^{-1}(K)$$

Soit $\mathcal{U}$ (resp. $\mathcal{K}$) un recouvrement localement fini de K' par des ouverts d'Oka-Weil (resp. des compacts de Stein) $\mathcal{U} = (U_i)_{i \in I}$ (resp. $\mathcal{K} = (K_i)_{i \in I}$).

Soit $A = I^{\mathbb{N}}$ l'ensemble des multi-indices du recouvrement. On supposera qu'il n'y a pas de multi-indice de longueur supérieure à un certain entier N(i.e. $U_\alpha = \emptyset$ (resp. $K_\alpha = \emptyset$) si $\alpha \in A$ et $|\alpha| > N$).

1 - $\mathcal{U}$-trivialisation de l'application analytique f

Chaque U_i du recouvrement $\mathcal{U}$ s'envoie par un plongement fermé dans un polydisque ouvert d'un espace numérique $\mathbb{C}^{n_i}$.

Plus généralement, pour chaque $\alpha = (i_o, i_1, \ldots, i_n) \in A$ on a un plongement

$$i_\alpha : U_\alpha \longrightarrow P_{i_o} \times P_{i_1} \times \ldots \times P_{i_n} = P_\alpha$$

on note

$$V_\alpha = K \times P_\alpha$$

Si $\alpha \subset \beta$ on a des applications

$$\pi_{\alpha\beta} : V_\beta \rightarrow V_\alpha \qquad\qquad \pi_\alpha : V_\alpha \rightarrow K$$

Ainsi que

$$j_\alpha = i_\alpha \times f_{|U_\alpha} \qquad U_\alpha \to V_\alpha$$

Le système $V = (V_\alpha, \pi_{\alpha\beta})$ forme un système de Forster-Knorr au dessus de K ([7]) . C'est un système semi-simplicial (en abrégé s. s. s.) et la collection $(\pi_\alpha)_{\alpha \in A}$ un morphisme de s. s. s. dans le s. s. s. constant K.

Le recouvrement $\mathcal{U} = (U_i)_{i \in I}$ est muni naturellement d'une structure s. s. s. par la construction de Cech, ainsi que d'un morphisme p dans le s. s. s. constant K'. On a ainsi un diagramme commutatif.

$$\begin{array}{ccc} \mathcal{U} & \xrightarrow{\ j\ } & V \\ p \downarrow & & \downarrow \pi \\ K' & \xrightarrow{\ f\ } & K \end{array}$$

Ce diagramme est appelé une $\mathcal{U}$-trivialisation de f au dessus de K.

2 - $\mathcal{K}$ - trivialisation de l'application analytique f

Chaque K_i, et plus généralement chaque K_α , du recouvrement $\mathcal{K}$ possède un système fondamental dénombrable de voisinage de Stein ouverts (qu'on peut supposer d'Oka-Weil) :

$$(U)_{U \supset K_\alpha}$$

On note

$$\mathfrak{F}(K_\alpha) = \Gamma(K_\alpha, \mathcal{O}) = \varinjlim_{U \supset K_\alpha} \Gamma(U, \mathcal{O}).$$

On dira qu'un faisceau $\mathfrak{F}$ sur $\mathcal{K}$ est cohérent, si pour tout $i \in I$, le faisceau $\mathfrak{F}_{|K_i}$ est restriction à K_i d'un faisceau analytique cohérent sur un voisinage ouvert de K_i dans K'.

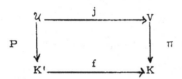

Chaque K_i est contenu dans une suite d'ouverts d'Oka-Weil dont chacun s'envoie sur un polydisque d'un espace numérique. Pour chaque $\alpha = (i_o, \ldots, i_n)$ on obtient un "plongement"

$$\bar{i}_\alpha : K_\alpha \to \bar{P}_{i_o} \times \ldots \times \bar{P}_{i_n} = \bar{P}_\alpha$$

limite inductive des plongements

$$i_\alpha : U_\alpha \to P_{i_o} \times \ldots \times P_{i_n} = P_\alpha$$

où pour tout $U_\alpha = U_{i_o} \cap \ldots \cap U_{i_n}$, U_{i_j} est un voisinage d'Oka-Weil de K_{i_j}.

On note $C_\alpha = K \times \bar{P}_\alpha$. Si $\alpha \subset \beta$ on a des applications

$$\bar{\pi}_{\alpha,\beta} : C_\alpha \to C_\beta \qquad \bar{\pi}_\alpha : C_\alpha \to K$$

Si $V = (V_\alpha, \pi_{\alpha B})$ désigne le système de Forster-Knorr associé à $\mathcal{U} = (U_i)_{i \in I}$ au dessus de $U' = \bigcup_{i \in I} U_i$, $C = (C_\alpha, \bar{\pi}_{\alpha,\beta})$ est un système de compacts associé à chaqun des V ([7] p. 127).

Soit U un voisinage de Stein ouvert de K. Si l'on prend un recouvrement d'ouverts d'Oka-Weil de $U' = f^{-1}(U)$, $\mathcal{U} = (U_i)_{i \subset I}$ où chaque U_i est un voisinage de K_i, on a une $\mathcal{U}$-trivalisation de f au dessus de U :

$$\begin{array}{ccc} \mathcal{U} & \xrightarrow{\ j\ } & V \\ {\scriptstyle p}\downarrow & & \downarrow{\scriptstyle \pi} \\ U' & \xrightarrow{\ f\ } & U \end{array}$$

ainsi le système de compact associé à tout V peut se représenter par le diagramme commutatif de s.s.s. suivant :

$$\begin{array}{ccc} \mathcal{K} & \xrightarrow{\ \bar{j}\ } & C \\ {\scriptstyle \bar{p}}\downarrow & & \downarrow{\scriptstyle \bar{\pi}} \\ K' & \xrightarrow{\ f\ } & K \end{array}$$

que nous appelerons $\mathcal{K}$-trivialisation de f au dessus de K.

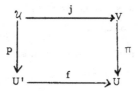

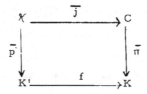

3 - Faisceaux sur les systèmes semi-simpliciaux

Soit $\mathcal{F}$ un faisceau sur X. Pour un recouvrement $\mathcal{U} = (U_i)_{i \in I}$ de K', la collection $p^*\mathcal{F} = (\mathcal{F}_{|U_\alpha})_{\alpha \in A} = (\mathcal{F}_\alpha)_{\alpha \in A}$ constitue un $\mathcal{O}_{\mathcal{U}}$-module sur le s.s.s. $\mathcal{U}$ (cf [7]). Il est cohérent ou libre si $\mathcal{F}$ l'est. Sur ce $\mathcal{O}_{\mathcal{U}}$-module on a les "liaisons covariantes" suivantes :

si $\alpha \subset \beta$ et si $f_{\alpha\beta}$ désigne l'application $U_\beta \hookrightarrow U_\alpha$

$$\varphi_{\alpha,\beta} : \mathcal{F}_\alpha \to (f_{\alpha\beta})_* \mathcal{F}_\beta = \mathcal{F}_{\alpha} |_{U_\beta} \quad \text{(restriction)}$$

Ainsi que les "liaisons contravariantes" :

$$\Psi_{\beta\alpha} : \mathcal{F}_\alpha \leftarrow (f_{\alpha\beta})_! \mathcal{F}_\beta \quad \text{(prolongement par zéro)}$$

De même pour le s.s.s. V décrit au 1°) :

Si $\alpha \subset \beta$ les applications $\pi_{\alpha\beta} : V_\beta \to V_\alpha$ munissent le $\mathcal{O}_V$-module $j_* p^* \mathcal{F} = (j_{\alpha *} p_\alpha^* \mathcal{F})_{\alpha \in A} = ((j_* p^* \mathcal{F})_\alpha)_{\alpha \in A}$ de liaisons covariantes et contravariantes.

D'une manière identique, pour le s.s.s. C décrit au 2°), le $\mathcal{O}_C$-module $\bar{j}_* \bar{p}^* \mathcal{F}$ est munide liaisons de même nature.

Remarquons que la catégorie des modules sur les s.s.s. (à liaisons covariantes ou bien contravariantes) est une catégorie abélienne.

4 - Résolution d'un faisceau cohérent à liaisons covariantes sur un s.s.s.

LEMME I : Soit $\mathcal{G}$ un $\mathcal{O}_C$-module (resp. $\mathcal{O}_V$-module) cohérent sur une $\mathcal{K}$-trivialisation (resp. une $\mathcal{U}$-trivialisation), muni de liaisons covariantes $\varphi_{\alpha\beta}$. Il existe une suite exacte de $\mathcal{O}_C$-modules (resp. $\mathcal{O}_V$-modules) libres de type fini à liaisons covariantes :

$$\ldots\ldots \to \mathcal{L}^n \to \mathcal{L}^{n-1} \to \ldots \to \mathcal{L}^1 \to \mathcal{G} \to 0$$

Démonstration : C'est le lemme I de [2] pour les $\mathcal{U}$-trivialisations. Pour les $\mathcal{K}$-trivialisations, il faut donc démontrer que les faisceaux sont libres de type fini au voisinage des compacts considérés.

Soient deux recouvrements par des ouverts d'Oka-Weil $(U'_i)_{i \in I}$ et $(U''_i)_{i \in I}$ tels que $U_i \subset\subset U'_i \subset\subset U''_i$

$(U'_i)_{i \in I}$ est un recouvrement de $U' = f^{-1}(U)$ où U est un voisinage de Stein de K,

$(U''_i)_{i \in I}$ est un recouvrement de $W' = f^{-1}(W)$ où W est un voisinage de Stein de K tel que $K \subset U \subset\subset W$.

$(U_i)_{i \in I}$ désigne un recouvrement "voisinage" de $\mathcal{K}$.

Soient V, V' et V'' les trivialisations de f associées à ces recouvrements. Il suffit de montrer que pour un $\mathcal{O}_{V''}$-module cohérent $\mathcal{G}$ (avec les liaisons $\varphi_{\alpha\beta}$) il existe un $\mathcal{O}_{V'}$-module libre $\mathcal{L}$ et un épimorphisme

$$d : \mathcal{L} \to \mathcal{G}_{|V'}$$

On procèdera ensuite classiquement en recollant les suites exactes courtes :

$$0 \to \mathrm{Ker}\, d \to \mathcal{L} \to \mathcal{G}_{|V'} \to 0$$

et en amorçant la récurrence par

$$0 \to \mathrm{Ker}\, d^1 \to \mathcal{L}^1 \overset{d^1}{\to} j'_* \, p'^* \, \mathcal{F}_{|V''} \to 0$$

pour un recouvrement d'un U'' par des ouverts d'Oka-Weil.

Soit α un multi-indice de A, $\mathcal{G}_\alpha$ est un faisceau cohérent sur $P''_\alpha \times W = V''_\alpha$ il existe donc un faisceau libre de type fini $\mathcal{L}_\alpha$ sur $P'_\alpha \times U = V'_\alpha$ et un épimorphisme :

$$\varphi_\alpha : \mathcal{L}_\alpha \to \mathcal{G}_{\alpha | P'_\alpha \times U}$$

On définit un $\mathcal{O}_{V'}$-module comme suit :

$$\mathcal{L}_{\beta} = \begin{cases} (\pi'_{\alpha\beta})_* \mathcal{L}_{\alpha} & \text{si } \beta \subset \alpha \text{ avec } \pi'_{\alpha\beta} : V'_{\beta} \to V'_{\alpha} \\ 0 \text{ si } \beta \not\subset \alpha \end{cases}$$

Les liaisons $\varphi'_{\beta\alpha}$ sont obtenues ainsi

$$\varphi'_{\beta\gamma} = \begin{cases} \varphi'_{\beta\gamma} & \text{si } \alpha \subset \beta \subset \gamma \\ 0 \text{ si } \alpha \not\subset \gamma \end{cases}$$

et l'épimorphisme $d : \mathcal{L} \to \mathcal{G}$

est défini comme la somme des d_{β} obtenus ainsi :

$$d_{\beta} = \begin{cases} \varphi_{\alpha\beta} \circ \varphi_{\alpha} & \text{si } \alpha \subset \beta \\ 0 \text{ si } \alpha \not\subset \beta \end{cases}$$

5 - Un premier représentant de $Rf_! \mathcal{F}(K)$

Soit $(c, \bar{j}, \bar{\pi})$ une $\mathcal{K}$-trivialisation de f au dessus de K. D'après le lemme I, il existe donc une résolution par des $\mathcal{O}_c$-modules libres de type fini qui est un quasi isomorphisme de modules à liaisons covariantes.

Bien que $\mathcal{L}^{\cdot}$ soit un complexe de modules à liaisons covariantes, nous noterons encore, par abus de notations, $\pi_! \mathcal{L}^{\cdot}$ le complexe de cochaines finies nul en $d^{o} < 0$ et dont le $p^{\text{ième}}$ terme s'écrit :

$$\bigoplus_{|\alpha| = p+1} \bar{\pi}_{\alpha *} \mathcal{L}^{\cdot}_{\alpha}$$

$\pi_! \mathcal{L}^{\cdot}(K)$ est le complexe de cochaines finies dont le $p^{\text{ième}}$ terme s'écrit :

$$\bigoplus_{|\alpha| = p+1} \Gamma(\bar{P}_{\alpha} \times K, \mathcal{L}^{\cdot}_{\alpha})$$

C'est en fait le double complexe suivant :

$$M_{p,q} = \bigoplus_{|\alpha|=p+1} \Gamma(\overline{P}_\alpha \times K , \mathcal{L}^q)$$

avec $M_{p,q} = 0$ si $p > N$ ou $q > 0$, qui s'écrit ainsi :

$$\begin{array}{ccccccc}
\vdots & & \vdots & & & & \vdots \\
\downarrow & & \downarrow & & & & \downarrow \\
\bigoplus_{|\alpha|=0} \Gamma(\overline{P}_\alpha \times K, \mathcal{L}^q) & \longrightarrow & \bigoplus_{|\alpha|=1} \Gamma(\overline{P}_\alpha \times K, \mathcal{L}^q) & \longrightarrow & \cdots & \longrightarrow & \bigoplus_{|\alpha|=p+1} \Gamma(\overline{P}_\alpha \times K, \mathcal{L}^q) \longrightarrow \cdots \\
\vdots & & \vdots & & & & \vdots \\
\downarrow & & \downarrow & & & & \downarrow \\
\bigoplus_{|\alpha|=0} \Gamma(\overline{P}_\alpha \times K, \mathcal{L}^1) & \longrightarrow & \bigoplus_{|\alpha|=1} \Gamma(\overline{P}_\alpha \times K, \mathcal{L}^1) & \longrightarrow & \cdots & \longrightarrow & \bigoplus_{|\alpha|=p+1} \Gamma(\overline{P}_\alpha \times K, \mathcal{L}^1) \longrightarrow \cdots \\
\downarrow & & \downarrow & & & & \downarrow \\
\bigoplus_{|\alpha|=0} \Gamma(\overline{P}_\alpha \times K, \overline{j}_* \overline{p}^*_\alpha \mathcal{F}) & \longrightarrow & \bigoplus_{|\alpha|=1} \Gamma(\overline{P}_\alpha \times K, \overline{j}_* \overline{p}^* \mathcal{F}) & \longrightarrow & \cdots & \longrightarrow & \bigoplus_{|\alpha|=p+1} \Gamma(\overline{P}_\alpha \times K, \overline{j}_* \overline{p}^*_\alpha \mathcal{F}) \longrightarrow \cdots
\end{array}$$

Dans la dernière ligne $\overline{j}_* \overline{p}^* \mathcal{F}$ est muni de ses liaisons covariantes.

Les filtrations de ce double complexe sont évidemment régulières et de plus

$${}'E_2^{p,q} = {}'H^p({}''H^q(K)) = 0 \quad \text{pour} \quad q \neq 0$$

Ainsi le complexe simple associé à $M_{p,q}$ est quasi isomorphe à $M_{p,0}$ qui est le complexes de cochaines dont le $p^{\text{ième}}$ terme s'écrit :

$$\bigoplus_{|\alpha|=p+1} \Gamma(\overline{P}_\alpha \times K, (\overline{j}_* \overline{p}^* \mathcal{F})_\alpha) = \bigoplus_{|\alpha|=p+1} \Gamma(K_\alpha, \overline{p}^*_\alpha \mathcal{F})$$

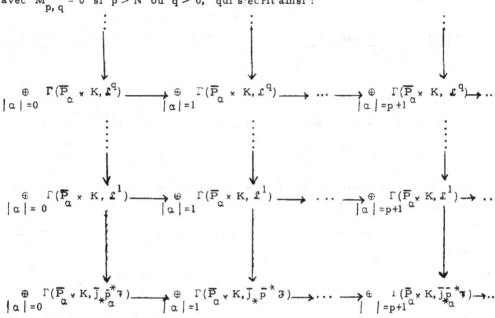

qui n'est autre que le complexe de cochaines finies $\mathcal{C}^{\bullet}_c(\mathcal{X}, \mathfrak{F})$ représentant $R\Gamma_c(f^{-1}(K), \mathfrak{F}) = Rf_! \mathfrak{F}(K)$.

Ainsi, en notant encore par abus de notation le complexe simple associé $\pi_! \mathcal{L}^{\bullet}$, $\pi_! \mathcal{L}^{\bullet}$ est un représentant de $Rf_! \mathfrak{F}$.

<u>LEMME II</u> : <u>Le complexe $\pi_! \mathcal{L}^{\bullet}(K) = \mathcal{C}^{\bullet}_c(\mathcal{X}, \mathcal{L}^{\bullet}) \hat{\otimes} \mathcal{O}(K)^{(*)}$ est un représentant de</u> $Rf_! \mathfrak{F}(K)$.

Nous allons préciser les notations de ce lemme.

Rappelons que $\pi_! \mathcal{L}^{\bullet}$ désigne le complexe simple dont le $n^{\text{ième}}$ terme s'écrit :

$$M^n = \bigoplus_{p+q=n} M^{p,q} \quad \text{où} \quad M^{p,q} = \bigoplus_{|\alpha|=p+1} \overline{\pi}_{\alpha *} \mathcal{L}^q_{\alpha}$$

Pour tout polydisque fermé $\bar{P}_{\alpha}$ dont P_{α} est un voisinage ouvert, $\mathcal{L}^q_{\alpha}$ est libre de type fini sur $P_{\alpha} \times K$.

Si U et V sont deux ouverts respectivement de P_{α} et K, pour un certain j on a :

$$\mathcal{L}^q_{\alpha}(U \times V) = \mathcal{O}^j_{P_{\alpha} \times K}(U \times V) = \mathcal{O}^j_{P_{\alpha}}(U) \hat{\otimes} \mathcal{O}_K(V)$$

et de plus le préfaisceau $U \times V \to \mathcal{O}^j_{P_{\alpha}}(U) \hat{\otimes} \mathcal{O}_K(V)$ est en fait un faisceau ([4] p. 47) que l'on note $\mathcal{O}^j_{P_{\alpha}} \hat{\otimes} \mathcal{O}_K$.

Ainsi on note $\mathcal{L}^q_{\alpha} = \mathcal{L}^q_{P_{\alpha}} \hat{\otimes} \mathcal{O}_K$ où $\mathcal{L}^q_{P_{\alpha}}$ est libre de type fini sur P_{α}, et l'on a pour tout polydisque P_{α} :

$$\Gamma(P_{\alpha} \times K, \mathcal{L}^q_{\alpha}) = \Gamma(P_{\alpha}, \mathcal{L}^q_{P_{\alpha}}) \hat{\otimes} \mathcal{O}(K)$$

(*) On prendra garde au fait qu'il n'y a pas de liaisons sur $\mathcal{C}^{\bullet}_c(\mathcal{X}, \mathcal{L}^{\bullet})$

Maintenant on peut écrire, U_α étant un voisinage de K_α :

$$\mathcal{L}^q_{P_\alpha} = i_{\alpha *} \mathcal{L}^q_{U_\alpha} \quad \text{(résolution du problème de Cousin sur un polydisque)}$$

où $\mathcal{L}^q_{u_\alpha}$ est un $\mathcal{O}_{u_\alpha}$ -module libre de type fini et l'on a :

$$\Gamma(P_\alpha \times K, \mathcal{L}^q_\alpha) = \Gamma(P_\alpha, \mathcal{L}^q_{P_\alpha}) \hat{\otimes} \mathcal{O}(K) = \Gamma(U_\alpha, \mathcal{L}^q_{u_\alpha}) \hat{\otimes} \mathcal{O}(K)$$

d'où également :

$$\Gamma(\bar{P}_\alpha \times K, \mathcal{L}^q_\alpha) = \Gamma(K_\alpha, \mathcal{L}^q_{K_\alpha}) \hat{\otimes} \mathcal{O}(K)$$

On obtient ainsi un $\mathcal{O}_{\mathcal{K}}$-module libre de type fini que l'on notera encore $\mathcal{L}^\bullet$ et l'on l'on a :

$$\pi_! \mathcal{L}^\bullet(K) = \mathcal{C}^\bullet_c(\mathcal{K}, \mathcal{L}^\bullet) \hat{\otimes} \mathcal{O}(K)$$

en remarquant que somme vectorielle et produit tensoriel topologique commutent puisque $\mathcal{O}(K)$ est de type D F N ([GR] ch. I p. 46).

Ceci démontre le Lemme II.

On vient de trouver un représentant de $Rf_! \mathcal{F}(K)$ qui est un complexe de $\mathcal{O}(K)$-modules de type D F N . L'objet du paragraphe suivant est d'en construire un second plus utile pour l'application en vue.

6 - Un deuxième représentant de $Rf_! \mathcal{F}(K)$

Soit $\mathcal{U}$ un recouvrement de K' par des ouverts d'Oka-Weil . On reprend les mêmes notations.

<u>LEMME III :</u> <u>Le complexe</u> $T^{-n}\,\mathcal{C}^c_\bullet(\mathcal{U}, H^n_c(\mathcal{U}, \mathcal{L}^\bullet))\,\hat{\otimes}\,\mathcal{O}(K)$ <u>est un représentant de</u> $Rf_!\,\mathcal{F}(K)$

Le complexe $T^{-n}\,\mathcal{C}^c_\bullet(\mathcal{U}, H^n_c(U, \mathcal{L}^\bullet))$ désigne le translaté de n rangs vers la gauche du complexe dont le p-ième terme s'écrit :

$$\bigoplus_{|\alpha|=p+1} H^n_c(U_\alpha, \mathcal{L}^\bullet) \quad \text{(n désigne la dimension-finie-de l'espace)}$$

<u>Démonstration</u> : Soit $\mathcal{J}^\bullet$ une résolution injective de $\mathcal{F}$. Formons le double complexe

$$\mathcal{C}^c_\bullet(\mathcal{U}, \Gamma_c(\mathcal{U}, \mathcal{J}^\bullet))$$

qui s'écrit :

$$\begin{array}{ccccc}
\bigoplus_{|\alpha|=p+1}\Gamma_c(U_\alpha,\mathcal{J}^0) & \longrightarrow & \bigoplus_{|\alpha|=p}\Gamma_c(U_\alpha,\mathcal{J}^0) & \longrightarrow \cdots\cdots \longrightarrow & \bigoplus_{|\alpha|=o}\Gamma_c(U_\alpha,\mathcal{J}^0) \\
\downarrow & & \downarrow & & \downarrow \\
\vdots & & \vdots & & \vdots \\
\bigoplus_{|\alpha|=p+1}\Gamma_c(U_\alpha,\mathcal{J}^{n-1}) & \longrightarrow & \bigoplus_{|\alpha|=p}\Gamma_c(U_\alpha,\mathcal{J}^{n-1}) & \longrightarrow \cdots\cdots \longrightarrow & \bigoplus_{|\alpha|=o}\Gamma_c(U_\alpha,\mathcal{J}^{n-1}) \\
\downarrow & & \downarrow & & \downarrow \\
\bigoplus_{|\alpha|=p+1}\Gamma_c(U_\alpha,\mathcal{J}^{n}) & \longrightarrow & \bigoplus_{|\alpha|=p}\Gamma_c(U_\alpha,\mathcal{J}^{n}) & \longrightarrow \cdots\cdots \longrightarrow & \bigoplus_{|\alpha|=o}\Gamma_c(U_\alpha,\mathcal{J}^{n}) \\
\downarrow & & \downarrow & & \downarrow \\
\vdots & & \vdots & & \vdots
\end{array}$$

Les lignes sont exactes pour chaque $\mathcal{I}^p$ (car $\mathcal{I}^p$ est injectif, donc flasque donc c-mou) et l'on a pris un recouvrement adéquat. Elles n'ont d'homologie qu'en qu'en degré o, à savoir $\Gamma_c(K',\mathcal{I}^{-p})$.

Pour tout simplexe U_α , la suite :

$$o \to \Gamma_c(U_\alpha,\mathcal{I}^o) \to \Gamma_c(U_\alpha,\mathcal{I}^1) \to \ldots\ldots\to \Gamma_c(U_\alpha,\mathcal{I}^n) \to \ldots\ldots$$

n'a d'homologie qu'en degré n, à savoir $H^n_c(U_\alpha,\mathcal{F})$.

Les colonnes sont donc exactes sauf en degré n où elles ont pour homologie $\mathcal{C}^c_p(\mathcal{U},H^n_c(\mathcal{U},\mathcal{F}))$. Posons :

$$A^{p,q} = \mathcal{C}^c_{-q}(U,\ \Gamma_c(\mathcal{U},\ \mathcal{I}^{p+n}))$$

on a

$$'E_2^{p,o} = o \quad \text{pour} \quad p \neq o$$

et

$$''E_2^{o,q} = o \quad \text{pour} \quad q \neq o$$

Il est clair que les filtrations de ce double complexe sont régulières (il suffit par exemple de prendre une résolution $\mathcal{I}^\bullet$ tronquée à l'ordre 2n, puisqu'on est en dimension n).

Ainsi le complexe $T^{-n}\ \mathcal{C}^c_\bullet\ (\mathcal{U},H^n_c(\mathcal{U},\mathcal{F}))$ est quasi-isomorphe à $\Gamma_c(K',\mathcal{I}^\bullet)$. Soit p_α un polydisque de la $\mathcal{U}$-trivialisation. Soit $L^\bullet$ un complexe qui fournit sa cohomologie à support compact à valeurs dans un faisceau donné ($N^\bullet$ désignera par la suite le complexe réduit à son terme de degré 0 : $\mathcal{O}(K)$).

On peut construire d'une manière tout à fait identique à celle de [GO] Chap. I § 5-5 (cf aussi [7]) une suite exacte (on raisonne ici en homologie, quite à symétriser les entiers).

$$0 \to \sum_{i+j=k} H_i(L^\bullet)\hat{\otimes} H_j(N^\bullet) \to H_n(L^\bullet \hat{\otimes} N^\bullet) \to \sum_{i+j=n+1} \mathrm{Tortop}(H_i(L^\bullet),H_j(N^\bullet)) \to 0$$

qui se réduit dans le cas présent pour k = n à :

$$0 \to H^n(L^\cdot)\hat{\otimes}\, \mathcal{O}(K) \to H^n(L^\cdot \hat{\otimes}\, \mathcal{O}(K)) \to \mathrm{Tortop}\,(H_{n-1}(L^\cdot),\, \mathcal{O}(K)) \to 0$$

ce qui prouve (transversalité de $\mathcal{O}(K)$) que :

$$H^n(L^\cdot \hat{\otimes}\, \mathcal{O}(K)) = H^n(L^\cdot)\hat{\otimes}\, \mathcal{O}(K)$$

On prouve donc ainsi, comme précédemment que

$$H^n_c(U_\alpha, \mathcal{L}^\cdot_{U_\alpha})\hat{\otimes}\, \mathcal{O}(K) = H^n_c(P_\alpha, \mathcal{L}^\cdot_{P_\alpha})\hat{\otimes}\, \mathcal{O}(K) = H^n_c(P_\alpha \times K, \mathcal{L}^\cdot_\alpha)$$

Ainsi $T^{-n}\mathcal{C}^c_\cdot(\mathcal{U}, H^n_c(\mathcal{U}, \mathcal{L}^\cdot))\hat{\otimes}\, \mathcal{O}(K)$ est le double complexe

$$M_{p,q} = T^{-n} \bigoplus_{|\alpha|=p+1} H^n_c(P_\alpha \times K, \mathcal{L}^q)$$

Ses filtrations sont régulières et l'on a

$${}'E_2^{p,q} = 0 \quad \text{pour} \quad q \neq 0$$

Donc le complexe simple associé est quasi-isomorphe à $M_{p,o}$ qui est le complexe de chaînes dont le $p^{\text{ième}}$ terme s'écrit

$$\bigoplus_{|\alpha|=p+1} H^n_c(P_\alpha \times K, (j_* p^*_\alpha \mathcal{F})_\alpha) = \bigoplus_{|\alpha|=p+1} H^n_c(U_\alpha, p^*_\alpha \mathcal{F})$$

et nous venons de voir que ce dernier est un représentant de $Rf_! \mathcal{F}(K)$.

Dans ce complexe simple associé (noté encore $T^{-n}\mathcal{C}^c_\cdot(\mathcal{U}, H^n_c(\mathcal{U}, \mathcal{L}^\cdot))\hat{\otimes}\mathcal{O}(K))$ est bien un représentant de $Rf_! \mathcal{F}(K)$.

Ceci démontre le lemme III.

On a finalement trouvé, au dessus de tout compact de Stein de Y, un complexe $M^\cdot(K)$ de $\mathcal{O}(K)$-modules de type D F N (borné à droite) représentant $Rf_! \mathcal{F}(K)$. Ce représentant va être précieux par la suite car il permet d'exprimer des opérations de prolongement par zéro, contrairement au premier représentant.

Soit J un sous-ensemble fini de l'ensemble d'indices I du recouvrement $\mathcal{U}$.

On désigne par M^p_J le sous ensemble de M^p des chaînes "à supports dans J" c'est-à-dire :

$$M^p_J = \{ s \in M^p \quad s_{i_o \dots i_p} = 0 \ \text{ si } \ i_o \notin J , \dots , i_p \notin J \}$$

Si $J \subset J'$ $M^{\bullet}_J(K)$ est un sous complexe de $M^{\bullet}_{J'}(K)$ qui est lui même un sous complexe de $M^{\bullet}(K)$ et l'on a clairement :

$$M^{\bullet}(K) = \varinjlim_{J \text{ fini}} M^{\bullet}_J(K)$$

où M^p_J est somme finie d'espaces du type $H^n_c(\mathcal{U}_\alpha, \mathcal{L}^{\bullet}) \hat{\otimes} \mathcal{O}(K)$

Le représentant de $Rf_! \mathcal{F}^{\bullet}$ ainsi construit s'écrit donc comme limite inductive dénombrable :

$$M^{\bullet} = \varinjlim M^{\bullet}_J$$

III - LE THEOREME DE COHERENCE POUR $Rf_! \mathcal{F}$ DANS LE CAS D'UN MORPHISME q-CONCAVE

1 - Notations et définitions

Soient X et Y deux espaces analytiques paracompacts.

DEFINITION I : Un morphisme $f : X \to Y$ est dit fortement q-concave si :

i) Il existe une fonction :

$$\varphi : X \to \mathbb{R}$$

et une constante réelle (dite constante exceptionnelle) d_o, telles que φ soit fortement q-convexe sur l'ensemble :

$$\{x \in X \;/\; \varphi(x) < d_o\}$$

ii) La restriction de f à l'ensemble :

$$\overline{X}^d = \overline{\{x \in X \;/\; \varphi(x) > d\}}$$

est propre pour tout $d < d_o$.

Nous noterons f^d la restriction de f à X^d ; notons que f^d est encore une application fortement q-concave.

Rappelons le théorème suivant, démontré dans [5], et dont nous ferons un usage essentiel par la suite :

THEOREME 1 : Soit $f : X \to Y$ un morphisme d'espaces analytiques fortement q-concave ; pour tout $\mathcal{O}_X$-module si $d < d_o$ (d_o désigne la constante exceptionnelle) le morphisme de $\mathcal{O}_Y$-modules

$$R^k f_!^d \,\mathcal{F} \to R^k f_! \mathcal{F}$$

est bijectif pour $k \geq q+3$ et surjectif pour $k = q+2$ (i. e. le morphisme $Rf_! {}^d \mathfrak{F} \to Rf_! \mathfrak{F}$ est un (q+2)-quasi-isomorphisme)

2 - Représentation du (q+2)-quasi-isomorphisme.

Soit $\mathcal{U} = (U_i)_{i \in I}$ un recouvrement de K' par des ouverts de Stein vérifiant les hypothèses énoncées au début du § II .

A partir d'une $\mathcal{U}$-trivialisation de f au dessus du compact de Stein K de Y, on construit un représentant de $Rf_! \mathfrak{F}$ selon la méthode du § II : $M^\bullet_o = \varinjlim {}_o M^\bullet_J$

Soit $\mathcal{U}' = (U'_j)_{j \in I'}$ un recouvrement de $K' \cap X^d$ plus fin que le recouvrement induit par $\mathcal{U}$ sur $K' \cap X^d$ et tel que pour tout $j \in I'$ il existe un $i \in I$ tel que $U'_j \subset\subset U_i$.

Remarquons que si $\mathcal{U}'$ est localement fini dans $K' \cap X^d$ il ne l'est malheureusement pas dans K', ainsi le nombre de U'_j tel que $U'_j \subset\subset U_i$ n'est pas nécessairement fini, de même pour U'_α où d est un multi-indice de I'.
A partir d'une $\mathcal{U}'$-trivialisation de f^d au dessus de K on construit un représentant de $Rf_! {}^d \mathfrak{F}$: $M^\bullet_d = \varinjlim {}_d M^\bullet_J$

Pour tout $\alpha \in I'^{\mathbb{N}}$ pour un élément U'_α du nerf de $\mathcal{U}'$, il existe un $\beta \in I^{\mathbb{N}}$ et un élément U_β du nerf de $\mathcal{U}$ tel que $U'_\alpha \subset\subset U_\beta$. De là on déduit une application

$$V'_\alpha = P'_\alpha \times K \to V_\alpha = P_\beta \times K$$

Avec les flèches adéquates, on obtient ainsi un morphisme de s. s. s. au dessus de K.

$$(V', \pi', K) \to (V, \pi, K)$$

D'où un morphisme :

$$M^\bullet_d \to M^\bullet_o$$

qui représente :

$$Rf_!^d \mathcal{T} \to Rf_! \mathcal{F}$$

Nous allons montrer que ce (q+2) -quasi-isomorphisme est L-nucléaire en chaque degré.

3 - L - Nucléarité du (q+2)-quasi-isomorphisme

Soit J un sous-ensemble fini de J'

$$ {}_oM_J^p(K) = \oplus H_c^n(U_\alpha, \mathcal{L}^\cdot)\hat{\otimes}\,\mathcal{O}(K) = \oplus H_c^n(P_\alpha, \mathcal{L}^\cdot_\alpha)\hat{\otimes}\,\mathcal{O}(K)$$

$$ {}_dM_J^p(K) = \oplus H_c^n(U'_\alpha, \mathcal{L}^\cdot)\hat{\otimes}\,\mathcal{O}(K) = \oplus H_c^n(P'_\alpha, \mathcal{L}^\cdot_\alpha)\hat{\otimes}\,\mathcal{O}(K)$$

La somme étant prise sur tous les multi-indices de longueur p+l - n contenant au moins un élément de J. C'est donc une somme finie d'espaces du type

$$H_c^n(P_\alpha, \mathcal{L}^\cdot_\alpha)\hat{\otimes}\,\mathcal{O}(K) \text{ (resp. } H_c^n(P'_\alpha, \mathcal{L}^\cdot_\alpha)\hat{\otimes}\,\mathcal{O}(K))$$

où $\mathcal{L}^\cdot_\alpha$ est libre de type fini sur P_α.

Pour montrer que l'application $M^\cdot_d \to M^\cdot_o$ est L-nucléaire, il suffit donc de montrer que l'application

$$H_c^n(P'_\alpha, \mathcal{L}^\cdot_\alpha)\hat{\otimes}\,\mathcal{O}(K) \to H_c^n(P_\alpha, \mathcal{L}^\cdot_\alpha)\hat{\otimes}\,\mathcal{O}(K)$$

est $\mathcal{O}(K)$-nucléaire.

C'est l'application obtenue par extension des scalaires de l'application

$$H_c^n(P'_\alpha, \mathcal{L}'_\alpha) \to H_c^n(P_\alpha, \mathcal{L}^\cdot_\alpha)$$

qui est elle-même la transposée de l'application de restriction:

$$\mathrm{Ext}^{-n}(P_\alpha, \mathcal{L}^\cdot_\alpha, K^\cdot_{P_\alpha}) \to \mathrm{Ext}^{-n}(P'_\alpha, \mathcal{L}^\cdot_\alpha, K^\cdot_{P'_\alpha})$$

$Ext^{-n}(\mathcal{L}^\bullet_\alpha, K^\bullet_{P_\alpha})$ est un faisceau libre.

Il ne reste plus qu'a voir que

$$\mathcal{O}(P_\alpha) \rightarrow \mathcal{O}(P'_\alpha) \qquad \text{est } \mathbb{C}\text{-nucléaire}$$

Ce fait est connu, mais nous allons le rétablir, car nous aurons besoin de l'écriture explicite de cette application pour avoir la L-nucléarité

Nous pouvons supposer que P_α et P'_α sont deux polydisques de rayon respectivement r_α et r'_α de centre o ; et de plus que la famille $(q_\alpha = {r'_\alpha}/{r_\alpha})$ est une famille sommable pour $|\alpha| < n$ (par exemple si $\alpha = (i_o, i_1, \ldots, i_q)$ il suffit de prendre $q_\alpha \leq \frac{1}{(i_o i_1 \ldots i_q)^2}$), c'est-à-dire qu'on choisit des recouvrements convenablement emboités.

$\mathcal{O}(P(r_\alpha))$ est l'ensemble des fonctions développables en série entière à coefficient dans $\mathbb{C}$ sur $P(r_\alpha)$. De même pour $\mathcal{O}(P(r'_\alpha)) = \mathcal{O}(P(q_\alpha r_\alpha))$

i.e. : $\mathcal{O}(P(r_\alpha)) = \{ \sum\limits_{n \geq o} a_n (\frac{z}{r_\alpha})^n \quad a_n \in \mathbb{C} \mid \}$

On pose $\quad x^i_\alpha = \frac{z^i}{(q_\alpha r_\alpha)^i} \qquad x^i_\alpha \in \mathcal{O}(P(q_\alpha r_\alpha)) = \mathcal{O}(P(r'_\alpha))$

si $f \in \mathcal{O}(P(r_\alpha)) \quad f = \sum\limits_{n \geq o} f_i (\frac{z}{r_\alpha})^i$

on pose $\quad y'^i_\alpha(f) = f_i$

on note de plus $\lambda^i_\alpha = (q_\alpha)^i$

$(\lambda^i_\alpha)_{i \in \mathbb{N}}$ est une famille absolument sommable de scalaires

$(x^i_\alpha)_{i \in \mathbb{N}}$ est une suite bornée de $\mathcal{O}(P(q_\alpha r_\alpha))$

$(y'^i_\alpha)_{i \in \mathbb{N}}$ est une suite bornée de formes linéaires la restriction $\mathcal{O}(p(r_\alpha)) \to \mathcal{O}(p(r'_\alpha))$ s'écrit

$$\sum_{i \in \mathbb{N}} \lambda^i_\alpha \; x^i_\alpha \otimes y'^i_\alpha$$

Ainsi l'application :

$${}_dM^n_J \to {}_oM^n_J$$

s'écrit comme somme finie d'applications du type :

$$\sum \lambda^i_\alpha \, X^i_\alpha \otimes Y'^i_\alpha$$

et constitue bien (les $(\lambda^i_\alpha)_\alpha$ formant bien une famille sommable d'après les hypothèses sur q_α, donc la suite $\sum \lambda^i_\alpha$ est convergente) un système inductif d'applications $\mathcal{O}(K)$-nucléaires.

Ainsi, on a finalement montré que l'application :

$$M^{\cdot}_d \to M^{\cdot}_o$$

est L-$\mathcal{O}(K)$-nucléaire (en tout degré).

Faisons enfin les remarques suivantes :

$\mathcal{O}(K) = \varinjlim \mathcal{O}(U)$ (U parcourant les voisinages ouverts de K) est une $\mathbb{C}$-algèbre bornologique (séparée) multiplicativement convexe (cf [3] p. 17).

$M^n_d = \varinjlim {}_dM^n_J$ est un $\mathcal{O}(K)$-module séparé pour tout n (et tout d)

On a finalement construit un (q+2)-quasi-isomorphisme représentant :

$$Rf_!^{\,d}\, \mathcal{F} \to Rf_! \, \mathcal{F}$$

et on est placé dans les conditions nécessaires à l'application du théorème II du §

Pour appliquer ce théorème, il suffit de réitérer le raisonnement avec $d_n < d_{n-1} < \ldots < d$, en choisissant une suite $d_n, \ldots, d$ suffisament longue. On est alors dans les conditions d'application du théorème de finitude sur les complexes (th. II du § I). On peut donc conclure à la (q+2)-pseudo-cohérence du complexe ${}_{o}M^{\cdot}$ qui représente $Rf_{!}\mathcal{F}$; et énoncer le :

THEOREME : Soit $f : X \to Y$ un morphisme fortement q-concave d'espaces analytiques. Pour tout $\mathcal{O}_X$-module cohérent $\mathcal{F}$, les images directes à supports propres $R^k f_! \mathcal{F}$ sont des $\mathcal{O}_Y$-modules cohérents pour $k \geq q+2$.

APPENDICE

Sur la propriété d'homomorphisme

1°) Sur les deux définitions possibles de la propriété d'homomorphisme. -

Soit E un e. b. c. s. On dit que E a la propriété (P) si pour tout e. b. c complet F , pour toute application linéaire surjective bornée de F, T, pour toute suite $(y_n)_{n\geq 1}$ bornée de F, il existe une suite bornée $(x_n)_{n\geq 1}$ de E telle que pour tout $n\geq 1$ $T(x_n) = y_n$. On dit que E a la propriété (P_o) si l'on peut remplacer dans (P) les suites bornées par des suites convergentes vers 0 .

Nous n'avons utilisé que la propriété (P), qui entraîne évidemment la propriété (P_o). On aurait tort de croire que (P_o) entraîne (P), comme le prouve le contre-exemple suivant, qui nous a été communiqué par Marcel GRANGE .

E est l'espace vectoriel C^o muni de la bornologie compacte associée à la structure naturelle d'espace de Banach de C^o.

E n'a pas la propriété (P) : F est l'espace de Banach C^o , $T : E \to F$ est l'identité de C^o ; $y_n = e^n = (o, \dots, o, 1, o, \dots)$. La suite $(e^n)_{n\geq 1}$ est bornée dans l'espace de Banach C^o , mais ne l'est pas dans l'e. b. c. (complet) E , sinon $(e^n)_{n\geq 1}$ serait relativement compacte dans C^o, donc il existerait $(e^{n_k})_{k\geq 1}$ suite extraite convergente dans C^o vers x ; alors pour tout entier $i \geq 1$ on aurait $\lim_{k\to\infty} e_i^{n_k} = x_i$; donc $x_i = 0$ car $n_k > i$ pour k assez grand ; on aurait ainsi $x = 0$, et n'oublions pas que $\| e^{n_k} \| = 1$ pour tout $k \geq 1$: ce qui est contradictoire .

E possède la propriété (P_o) ; de façon plus générale soit X un espace de Fréchet, X_k désigne l'espace vectoriel X muni de la bornologie compacte associée à la structure d'espace de Fréchet. Montrons que X_k possède la propriété (P_o) . Soit F un e. b. c. complet, soit $U : X_k \to F$ une sujection linéaire bornée, alors $U : T X_k \to TF$ est continue. (TX désigne l'espace topologique associé) .

Montrons que si $(x_n)_{n\geq 1}$ est une suite qui converge vers 0 dans X, alors $(x_n)_{n\geq 1}$ converge vers 0 dans X_k : on sait que $(x_n)_{n\geq 1}$ tend vers 0 dans BX : il existe B disque borné de X tel qu'il existe $(\varepsilon_n)_{n\geq 1}$ $\varepsilon_n > 0$ $\lim \varepsilon_n = 0$ et $x_n \in \varepsilon_n B$

$$y_n = \frac{1}{\sqrt{\varepsilon_n}} x_n \in \sqrt{\varepsilon_n} B \text{ ; donc } (y_n)_{n\geq 1} \text{ tend vers 0 dans BX.} K = \overline{\Gamma\{y_n\}}$$

(enveloppe disquée) est un disque compact de X et pour tout $n \geq 1$ on a

$$x_n \in \sqrt{\varepsilon_n} K$$

donc $(x_n)_{n\geq 1}$ tend vers 0 dans X_k .

De là nous déduisons $TX_k = X$; comme l'identité $TX_k \to X$ est continue; montrons que tout disque bornivore V de X_k est un voisinage de 0 dans X , c'est-à-dire en notant $(U_n)_{n\geq 1}$ une base de voisinage de 0 dans X , montrons qu'il existe n tel que $U_n \subset V$; supposons le contraire : pour tout $n \geq 1$ il existe $x_n \in U_n$ tel que $x_n \notin V$, $(x_n)_{n\geq 1}$ tend vers 0 dans X , donc tend vers 0 dans X_k donc tend vers 0 dans TX_k; ainsi il existe $n_o \geq 1$ tel que si $n \geq n_o$ alors $x_n \in V$: contradictoire.

En conséquence $U : X \to TF$ est une surjection linéaire continue, X étant un espace de Fréchet, TF un e. l. c. ultrabornologie car F est un e. b. c complet ; donc en vertu du théorème des homomorphismes de GROTHENDIECK , U est un homomorphisme ou précisément dans ce cas est ouverte (U est surjective) ; autrement dit TF est un quotient de X : donc TF est un espace de Fréchet, quotient de X .

Soit $(y_n)_{n\geq 1}$ une suite qui converge vers 0 dans F , alors $(y_n)_{n\geq 1}$ converge vers 0 dans TF (immédiat) ; donc $(y_n)_{n\geq 1}$ peut se relever en une suite qui tend vers 0 dans X : il existe $(x_n)_{n\geq 1}$ convergeant vers 0 dans X telle que pour tout $n \geq 1$:

$$U(x_n) = y_n$$

Mais alors on sait que $(x_n)_{n\geq 1}$ converge vers 0 dans X_k : C. Q. F. D.

2°) Limite inductive et propriété d'homomorphisme . -

Nous ne savons pas démontrer que la somme directe de deux espaces bornologiques qui possèdent la propriété d'homomorphisme la possède encore . Heureusement nous nous limitons dans nos applications à des limites inductives d'espaces de Fréchet, pour lesquels cette propriété est vérifiée, comme le prouve le théorème suivant qui nous a été communiqué par Gérard GALUSINSKI .

Un espace bornologique est un espace de type $\mathfrak{F}$ si sa bornologie est isomorphe à la bornologie canonique d'un Fréchet . Une limite inductive bornologique d'ebc de type $\mathfrak{F}$ est dite de type $\mathfrak{L}\mathfrak{F}$.

On rappelle que tout ebc de type $\mathfrak{F}$ a la propriété d'homomorphisme (cf. HOUZEL référence [3] de la bibliographie) .

THEOREME : Toute limite inductive bornologique d'espaces de type $\mathfrak{F}$ possède la propriété d'homomorphisme.

Soient $E = \varinjlim E_n$, les E_n étant des e. b. c de type $\mathfrak{F}$ dont la topologie est désigné par τ_n; F un e. b. c complet et u une surjection bornée de E sur F .

Soit $K = \operatorname{Ker} u$. L'espace $L = E/K$ muni de la bornologie quotient n'est plus un e. b. c de type $\mathfrak{L}\mathfrak{F}$. On va montrer qu'il est possible de munir L d'une bornologie moins fine qui soit de type $\mathfrak{D}\mathfrak{F}$. Algébriquement $E/K = \varinjlim E_n/K \cap E_n$

Puisque $K \cap E_n$ est fermé dans l'e. b. c E_n , et que (E_n, τ_n) est un espace de Fréchet, $K \cap E_n$ est fermé dans (E_n, τ_n) et par suite $(E_n, \tau_n)/K \cap E_n$ est un espace de Fréchet .

Soit G_n l'espace $(E_n, \tau_n)/K \cap E_n$ muni de la bornologie canonique. G_n est un e. b. c de type $\mathfrak{F}$. Si L_o est la limite inductive bornologique des G_n, L_o est un espace de type $\mathfrak{D}\mathfrak{F}$ dont la bornologie est moins fine que celle de L .

L'opérateur $\tilde{u} : L_o \to F$ défini par passage au quotient reste borné, par suite c'est un isomorphisme bornologique (th. du graphe fermé H. HOGBE N'LEND : Théorie des bornologies et applications . Springer Lecture Notes, 213 (1971) p. 43) .

Toute suite bornée de F se relève par $\tilde{u}$ en une suite bornée de L_o.
Mais une suite bornée de L_o, est une suite bornée dans un G_n qui se relève en une suite bornée de E_n (car (E_n, τ_n) est un Fréchet) donc de E .

BIBLIOGRAPHIE

1 - A. ANDREOTTI, A. KAS Duality on complex spaces. Ann. Sc. Norm. Sup. Pisa XXVII 187-263 (1973)

2 - O. FORSTER, K. KNORR Ein Beweis des Grauertschen Bildgarbensatz nach Ideen von B. Malgrange. Manuscripta Math. 5, 19-44 (1971)

3 - C. HOUZEL Espaces analytiques relatifs et théorèmes de finitudes. Math. Ann. 205, 13-54 (1973)

4 - R. KIEHL Relativ analytische Räume. Inventiones Math. 16, 40-112 (1972)

5 - J.P. RAMIS Théorèmes de séparation et de finitude pour l'homologie et la cohomologie des espaces (p, q)-convexes-concaves. Ann. sc. Norm. Sup. Pisa XXVII 933-997 (1973).

6 - J.P. RAMIS, G. RUGET Complexe dualisant et théorème de dualité en géométrie analytique complexe. Publ. Math. I.H.E.S., 38, 77-91 (1971)

7 - J.P. RAMIS, G. RUGET Résidus et dualité. Inventiones Math. 26, 89-131 (1974).

[GO] Godement R. : Théorie des Faisceaux . Hermann Paris (1958)

[GR] Grothendieck A . : Produits tensoriels topologiques et espaces nucléaires Memoirs Amer. Math. Soc. 16 (1955).

CONVEXITE AU VOISINAGE D'UN CYCLE

par D. BARLET

I -

Nous nous proposons de donner une démonstration du résultat suivant :

Théorème 1.-

Soit Z un espace analytique réduit de dimension finie, et soit X un sous-ensemble analytique compact de dimension n . Alors X admet une base de voisinages ouverts n-complets.

Proposition 1.-

Soit Z un espace analytique réduit de dimension finie, et soit X un sous-ensemble analytique compact de Z de dimension n de Z . Alors il existe une fonction C^2 fortement n-convexe au voisinage de X .

Démonstration :

Par récurrence sur n . Pour n = 0 c'est clair. Supposons le résultat vrai pour n-1 . Soit S la réunion des composantes irréductibles de dimension au plus n-1 de X , et soit S' la réunion des lieux singuliers des composantes irréductibles de dimension n de X . L'hypothèse de récurrence montre qu'il existe un voisinage ouvert U_o de $S \cup S'$ dans Z et une fonction $f_o : U_o \to \mathbb{R}$ qui soit C^2 et fortement (n-1)-convexe sur U_o .

Choisissons maintenant des polydisques $U_1,\ldots,U_n$ de Z , recouvrant $X - X \cap U_o$, et sur lesquels on puisse trouver des fonctions $f_j : U_j \to \mathbb{R}$ qui soient C^2 , p.s.h. (faible) sur U_j , nulles ainsi que leurs différentielles sur $U_j \cap X$, et fortement n-convexes sur U_j . Ceci est possible grâce à la compacité de $X - X \cap U_o$ puisque X est lisse de dimension pure n en dehors de $S \cup S'$.

Soient $r_j : U_j \to \mathbb{R}^+$ des fonctions C^2 à supports compacts telles que la somme $\sum_1^N r_j$ soit strictement positive sur $X - X \cap U_o$.

Comme les f_j ainsi que leurs différentielles sont nulles sur X , la forme de Levi sur X de la fonction $\Sigma\, r_j.f_j$ vaut $\Sigma\, r_j.Lf_j$. Elle est donc positive partout sur X , et possède au plus n valeurs propres nulles en chaque point d'un voisinage ouvert V de $X - X \cap U_o$ dans X .

Il existe donc un voisinage ouvert W de $X - X \cap U_o$ dans Z sur lequel la fonction $\Sigma\, r_j.f_j$ est fortement n-convexe.

Soit $r_o : U_o \to \mathbb{R}^+$ une fonction à support compact, C^2 et valant identiquement 1 au voisinage de $X - X \cap W$ (ce qui est possible car $X - X \cap W$ est un compact de U_o). Alors pour tout réel $a > 0$, la fonction $a.r_o.f_o$ est fortement n-convexe au voisinage de $X - X \cap W$ (et même fortement (n-1) -convexe !). De plus, pour a assez petit, la fonction $\Sigma\, r_j.f_j + a.r_o.f_o$ sera fortement n-convexe le long de X ; en effet, au voisinage d'un point où r_o vaut identiquement 1 ceci résulte de la forte convexité de f_o et de la positivité sur X de la forme de Levi de $\Sigma\, r_j.f_j$; les points de X au voisinage desquels r_o ne vaut pas identiquement 1 forment un compact de W sur la fonction $\Sigma\, r_j.f_j$ est fortement n-convexe, et donc pour $a > 0$ assez petit, la fonction $\Sigma\, r_j.f_j + a.r_o.f_o$ sera encore fortement n-convexe, ce qui achève la démonstration.

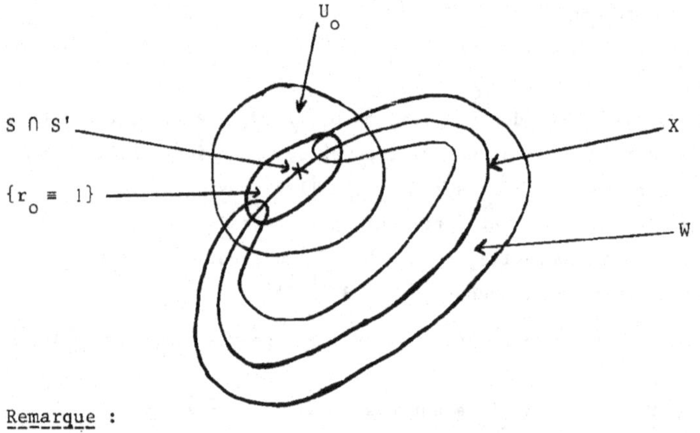

Remarque :

La proposition 1 donne déjà le théorème 1 dans le cas où X est lisse.

Lemme 1.-

Soit X un sous-ensemble analytique fermé d'un polydisque U de $\mathbb{C}^p$. Pour tout polydisque $V \subset\subset U$ on peut trouver des fonctions analytiques $f_1,\ldots,f_r$ sur U telles que la fonction φ sur U définie par $\varphi(x) = \Sigma|f_j(x)|^2$ vérifie les propriétés suivantes :

(a) $\varphi(x) = 0$ si et seulement si $x \in X$

(b) φ est strictement p.s.h. sur $V - V \cap X$.

Démonstration :

Par compacité de $\bar{V}$ on peut toujours trouver des fonctions holomorphes $f_1^o,\ldots,f_t^o$ sur U , nulles sur X , et engendrant pour chaque point x de V le germe en x du faisceau I_X . Dans ces conditions la propriété (a) sera satisfaite pour tout choix des fonctions $f_1,\ldots,f_r$ nulles sur X , pourvu que les t premières soient les fonctions $f_1^o,\ldots f_t^o$ ci-dessus ; dans la suite nous ne considèrerons que de tels choix.

Pour $f_1,\ldots,f_r$ holomorphes sur U et nulles sur X , considérons le sous-ensemble analytique fermé $Y(f_1,\ldots,f_r)$ de U des points de U en lesquels le rang de l'application $U \to \mathbb{C}^r$ donnée par $f_1,\ldots,f_r$ n'est pas égal à p $(\dim_{\mathbb{C}} U = p)$. Si $Y \cap V$ n'est pas contenu dans $X \cap V$, il existe $x_o \in Y \cap V$, $x_o \notin X$; comme $I_{X,x_o} = O_{\mathbb{C}^p,x_o}$, on a une surjection de faisceaux cohérents sur U :

$$I_X \to O_{\mathbb{C}^p}/m_{x_o}^2 \to 0$$

ce qui permet (grâce au thérorème B de Cartan) de trouver des fonctions holomorphes $f_{r+1},\ldots,f_{r+p}$ sur U , nulles sur X , et telles que le rang de leurs différentielles en x_o soit p . Ceci montre que si $Y(f_1,\ldots,f_r) \cap V$ n'est pas contenu dans $X \cap V$, on peut adjoindre p nouvelles fonctions de manière à avoir un $Y \cap V$ strictement plus petit. Comme V est relativement compact dans U , toute suite décroissante de sous-ensembles analytiques fermés de U stationne sur V , d'où l'existence de fonctions $f_1,\ldots,f_r$ dont le $Y(f_1,\ldots,f_r) \cap V$ soit contenu dans X ; dans ces conditions la fonction φ associée vérifie (a) et (b) .

Lemme 2.-

Soit Z un espace analytique complexe de dimension finie, et soit K un compact de Z. Soit $(u_j)_{j \in J}$ un recouvrement ouvert fini de K par des polydisques de Z (c'est-à-dire que pour chaque $j \in J$ on suppose donné un plongement fermé de u_j dans un polydisque U_j d'un espace affine).

On peut alors trouver des fonctions C^2 $r_j : U_j \to \mathbb{R}^+$ à supports compacts dans U_j, vérifiant

$$\|\partial r_j\| \leqslant C_1 \cdot r_j^{4/5} \qquad \|\partial^2 r_j\| \leqslant C_2 \cdot r_j^{3/5}$$

et $\Sigma\, r_j = 1$ au voisinage de K.

Démonstration :

Le seul problème réside évidemment dans les estimations des dérivées premières et secondes des r_j ; comme ces estimées sont locales sur le bord du support de r_j, nous allons chercher des fonctions r_j dont les supports sont des variétés C^∞ à bord (des boules si l'on veut ...). Au voisinage d'un point du bord on se ramène à un problème d'une variable réelle (par exemple si r_j est radiale ...). Il suffit alors de constater que si un polynôme se raccorde à l'ordre 4 avec la fonction identiquement nulle, il vérifie les estimées désirées ; par ailleurs, le produit par une fonction strictement positive partout et C^2 (coïncidant avec l'inverse de la somme des r_j au voisinage de K de manière à satisfaire la dernière condition) ne fait que changer les constantes C_1 et C_2.

Démonstration du théorème :

Soit X un sous-ensemble analytique compact de Z ; comme notre problème est de montrer que X admet une base de voisinage ouverts fortement n-complets, nous pouvons, grâce à la proposition 1, supposer qu'il existe une fonction C^2, $f : Z \to \mathbb{R}$ qui soit fortement n-convexe en chaque point de Z. On peut de plus supposer que l'on a $0 < f(z) < 1$ pour tout $z \in Z$.

Soit K un voisinage compact de X dans Z, nous allons construire un voisinage ouvert (fortement) n-complet de X contenu dans K. Commençons par prendre un recouvrement ouvert fini $(u_j)_{j \in J}$ de K par des polydisques de Z (c'est-à-dire que pour chaque $j \in J$ on suppose donné un plongement fermé de u_j dans un polydisque U_j d'un espace affine). On supposera ce recouvrement assez fin pour que, pour chaque $j \in J$, la fonction f sur u_j soit la restriction d'une fonction C^2 fortement n-convexe $f_j : U_j \to \mathbb{R}$. D'après le lemme 2, nous pouvons trouver des fonctions C^2 à supports compacts $r_j : U_j \to \mathbb{R}^+$ qui vérifient :

$$\|\partial r_j\| \leqslant C_1 \cdot r_j^{4/5} \quad , \quad \|\partial^2 r_j\| \leqslant C_2 \cdot r_j^{3/5}$$

et $\Sigma\, r_j = 1$ au voisinage de K .

D'après le lemme 1, nous pouvons trouver des fonctions

$$\varphi_j : U_j \to \mathbb{R}^+$$

s'annulant exactement sur $X \cap U_j$, et fortement p.s.h. sur $U_j - U_j \cap X$ (quitte à supposer que le plongement de u_j dans U_j se prolonge en un plongement fermé d'un voisinage de $\bar{u}_j$ dans un voisinage de $\bar{U}_j$) .

Pour $\varepsilon > 0$ posons $W_j = \{\varphi_j < \varepsilon\}$ et $W'_j = \{\varphi_j < \varepsilon/2\}$; nous choisissons $\varepsilon > 0$ assez petit pour que l'on ait $W_j \cap u_j \subset K$ pour chaque $j \in J$, et posons alors $W = \cup(W_j \cap Z)$ et $W' = \cup(W'_j \cap Z)$. Pour n entier et $t \in \mathbb{R}^+$ posons $c_N(t) = (\frac{t}{\varepsilon})^N$.

Nous nous proposons de montrer que pour N assez grand la fonction $f + \Sigma\, r_j \cdot c_N(\varphi_j)$ est fortement n-convexe sur W . Pour cela nous allons montrer que pour chaque j fixé, la fonction $r_j \cdot c_N(\varphi_j)$ est strictement p.s.h. sur l'ensemble $\{r_j \geqslant N^{-2-b}\} \cap (W - W')$ où $b = 1/3$, pour N assez grand :

Compte tenu des estimations sur les dérivées premières et secondes de la fonction r_j , la forme de Levi de $r_j \cdot c_N(\varphi_j)$ est minorée (pour un vecteur tangent unitaire) par :

$$r_j \cdot c'_N(\varphi_j) \cdot \partial\bar{\partial}\varphi_j - C_1 \cdot r_j^{4/5} \cdot c'_N(\varphi_j) \cdot |\partial\varphi_j| - C_2 \cdot r_j^{3/5} \cdot c_N(\varphi_j) +$$
$$+ r_j \cdot c''_N(\varphi_j) \cdot |\partial\varphi_j|^2$$

et cette quantité sera positive dès que l'on aura

$$\frac{1}{2}\, r_j \cdot c'_N(\varphi_j) \cdot \partial\bar{\partial}\varphi_j - C_2 \cdot r_j^{3/5} \cdot c_N(\varphi_j) > 0 \qquad \text{et}$$

$$\frac{1}{2} r_j \cdot c'_N(\varphi_j) \cdot \partial\bar{\partial}\varphi_j - C_1 \cdot r_j^{4/5} \cdot c'_N(\varphi_j) \cdot |\partial\varphi_j| +$$

$$r_j \cdot c''_N(\varphi_j) \cdot |\partial\varphi_j|^2 \geqslant 0 \quad .$$

Pour cela, il suffira que l'on ait, puisque $\partial\bar{\partial}\varphi_j$ est définie positive en dehors de W' :

$$r_j^{2/5} \cdot c'_N / c_N \geqslant L \qquad \text{et}$$

$$C_1^2 \cdot c_N'^2 - 2r_j^{2/5} \cdot c'_N \cdot c''_N \cdot \partial\bar{\partial}\varphi_j \leqslant 0 \quad .$$

Comme on a $r_j \geqslant N^{-2-1/3}$, il suffira que l'on ait :

$$c'_N / c_N \geqslant M \cdot N^{14/15} \qquad \text{et} \qquad c''_N / c'_N \geqslant M \cdot N^{14/15}$$

où M est une constante indépendante de N. Ces inégalités seront vérifiées pour N assez grand puisque l'on a $c'_N / c_N \geqslant N/\varepsilon$ et $c''_N / c'_N \geqslant (N-1) / \varepsilon$ sur W.

D'autre part sur $r_j \leqslant N^{-2-1/3}$ la norme au sens C^2 de $r_j \cdot c_N(\varphi_j)$ est majorée par $C \cdot N^{-1/3}$, et sur $\bar{W}'$ elle est majorée par $C'.N.2^{-N}$. Pour N assez grand, la fonction $f + \Sigma\, r_j \cdot c_N(\varphi_j)$ sera donc fortement n-convexe en chaque point de W : en effet pour $x \in W$ les termes $r_j \cdot c_N(\varphi_j)$ qui ne sont pas p.s.h. seront assez petits pour ne pas perturber la forte n-convexité de f.

Posons alors $g = f + \Sigma\, r_j \cdot c_N(\varphi_j)$ et $U = \{g < 1\}$. Comme g est fortement n-convexe sur W, si nous montrons que l'on a $g > 1$ sur ∂W, nous en déduirons que U est un voisinage fortement n-complet de X contenu dans K, ce qui terminera la démonstration. Or pour $x \in \partial W$, si l'on a $\varphi_j(x) < \varepsilon$, alors x est dans $\partial W_j \cap \{\varphi_j < \varepsilon\}$ qui est contenu dans ∂U_j. On aura donc $r_j(x) = 0$. Ceci montre que $r_j(x) > 0$ implique $\varphi_j(x) = \varepsilon$ pour $x \in \partial W$, et comme on a $\Sigma\, r_j(x) = 1$ et $c_N(\varepsilon) = 1$, la fonction $\Sigma\, r_j \cdot c_N(\varphi_j)$ vaut 1 sur ∂W. Comme f ne prend que des valeurs strictement positives, on a bien $g > 1$ sur ∂W. Donc U est bien contenu dans W, ce qui achève la démonstration du théorème.

L'analogue algébrique dans le cas quasi projectif sur $\mathbb{C}$ est donné par la remarque suivante.

Remarque :[(*)]

Si Z est un schéma quasi-projectif et si X est un sous-schéma fermé propre de dimension pure n de Z, alors X admet dans Z une base de voisinages ouverts recouverts par $n+1$ ouverts affines de Z. En effet, on obtient une base de voisinages ouverts de X dans Z en considérant les traces sur Z d'ouverts de la forme $\mathbb{P}_N - Y$ où Y est un sous-schéma fermé de $\mathbb{P}_N$ de codimension pure égale à $n+1$. Montrons par récurrence sur n que pour k assez grand il existe des sections $s_o, s_1, \ldots, s_n$ de $O(k)$ sur $\mathbb{P}_N$ qui sont nulles sur Y et vérifient :

$$\{s_o = s_1 = \ldots = s_n = 0\} \cap X = \emptyset \ .$$

Pour $n = 0$, Y est une hypersurface de $\mathbb{P}_N$ et pour $k = \deg Y$ il existe s_o section de $O(k)$ telle que $Y = \{s = 0\}$, ce qui donne le résultat.

Si le résultat est vrai en dimension $n-1$, notons par $\mathbb{P}_{N-1}$ un hyperplan de $\mathbb{P}_N$ tel que $X \cap \mathbb{P}_{N-1}$ soit de dimension pure $n-1$. Il existe alors $k \in \mathbb{N}$ et des sections de $O(k)$ sur $\mathbb{P}_{N-1}$, $s_o, \ldots, s_{n-1}$ nulles sur $Y \cap \mathbb{P}_{N-1}$ et vérifiant :

$$\{s_o = \ldots = s_{n-1} = 0\} \cap X = \emptyset \ .$$

Comme pour k' assez grand la restriction de $H^o(\mathbb{P}_N, O(k') \otimes I_Y)$ à $H^o(\mathbb{P}_{N-1}, O(k') \times I_{Y \cap \mathbb{P}_{N-1}})$ est surjective, on peut, quitte à remplacer $s_o, \ldots, s_{n-1}$ par des puissances assez grandes, trouver $s'_o, \ldots, s'_{n-1}$ sections de $O(k')$ sur $\mathbb{P}_N$, nulles sur Y, et telles que

$$\{s'_o = \ldots = s'_{n-1} = 0\} \cap X \cap \mathbb{P}_{N-1} = \emptyset \ .$$

Dans ces conditions on aura $\{s'_o = \ldots = s'_{n-1} = 0\} \cap X$ qui sera de dimension 0, et en utilisant le cas $n = 0$ on pourra trouver, quitte à encore augmenter k', une section s'_n de $O(k')$ sur $\mathbb{P}_N$, nulle sur Y,

---

(*) Cette remarque est essentiellement la réponse que M. Artin m'a fournie quand je lui ai demandé s'il existait un analogue en géométrie algébrique au théorème 1.

et vérifiant :

$$\{s'_n = 0\} \cap \{s'_o = \ldots = s'_{n-1} = 0\} \cap X = \emptyset$$

ce qui n'est rien d'autre que le résultat désiré.

Donnons une application simple du théorème 1 dans le cas où $n = 1$.

Proposition 2.-

Soit X une courbe compacte d'un espace analytique réduit de dimension finie Z . Alors tout fibré en droites sur X est la restriction d'un fibré en droite sur un voisinage de X .

Démonstration :

On a $\lim\limits_{U \supset X} H^2(U, \mathbb{Z}) \xrightarrow{\sim} H^2(X, \mathbb{Z})$; on peut donc choisir des voisinages ouverts U arbitrairement petits de X tels que le morphisme de restriction $H^2(U, \mathbb{Z}) \to H^2(X, \mathbb{Z})$ soit surjectif. Comme X admet une base de voisinages ouverts 1-complets, il existe un voisinage ouvert 1-complet U tel que le morphisme de restriction $H^2(U, \mathbb{Z}) \to H^2(X, \mathbb{Z})$ soit surjectif.

On a alors le diagramme commutatif suivant :

$$\begin{array}{ccccccc}
H^1(U, O_U) & \xrightarrow{\bar{a}} & H^1(U, O_U^*) & \xrightarrow{\bar{c}} & H^2(U, \mathbb{Z}) & \to & 0 \\
\downarrow b & & \downarrow res & & \downarrow res & & \\
H^1(X, O_X) & \xrightarrow{a} & H^1(X, O_X^*) & \xrightarrow{c} & H^2(X, \mathbb{Z}) & \to & 0
\end{array}$$

provenant de la suite exacte de cohomologie de la suite exacte courte $0 \to I_X \to O_U \to O_X \to 0$ pour la première colonne (ce qui montre que b est surjective, puisque l'on a $H^2(U, I_X) = 0$ étant donné que U est 1-complet), et des suites exactes de cohomologie des suites exactes courtes

$$0 \to \mathbb{Z} \to O_U \xrightarrow{\exp 2i\pi} O_U^* \to 1 \qquad \text{et}$$

$$0 \to \mathbb{Z} \to O_X \to O_X^* \to 1$$

pour les lignes horizontales.

Si $L \in H^1(X, O_X^*)$, il existe $x \in H^2(U, \mathbb{Z})$ vérifiant $c(L) = \text{res}\ X$ d'après le choix de U ; comme $H^2(U, O_U) = 0$, $\bar{c}$ est surjectif, et il existe $\Lambda \in H^1(U, O_U^*)$ vérifiant $\bar{c}(\Lambda) = x$. Dans ces conditions le fibré en droite $res(\Lambda^{-1}) \otimes L$ sur X a une classe de Chern nulle. On peut donc trouver $T \in H^1(X, O_X)$ vérifiant :

$$a(T) = res(\Lambda^{-1}) \otimes L \quad .$$

Comme b est surjective, il existe $S \in H^1(U, O_U)$ vérifiant $b(S) = T$. On vérifie alors immédiatement que le fibré en droite $\bar{a}(S) \otimes \Lambda$ sur U a une restriction à X égale à L , ce qui achève la démonstration.

II -

a) Soit Z une variété analytique complexe (lisse) de dimension pure $n+p$, et soit X un sous-ensemble analytique compact de dimension pure n de Z . Soit V un ouvert de Z isomorphe à un voisinage du produit $\bar{U} \times \bar{B}$ de deux polydisques compacts de $\mathbb{C}^n$ et $\mathbb{C}^p$ respectivement. Supposons que X ne rencontre pas $\bar{U} \times \partial B$. Si w est une forme différentielle C^∞ de type (n, n) d''-fermée sur $U \times B$ dont le support est contenu dans un produit $K \times B$ où K est un compact de U , on peut prolonger w en une forme C^∞ de type (n, n) d''-fermée sur tout voisinage ouvert de X assez petit (c'est-à-dire relativement compact dans $Z - \bar{U} \times \partial B)$, disons Z' , ce qui définit un élément de $H^n(Z', \Omega_Z^n)$. La proposition qui suit montre, qu'au voisinage de X , toute classe de cohomologie de type (n, n) peut s'écrire comme somme finie de classes construites par le procédé que l'on vient de décrire.

<u>Proposition 1</u>.-

Soit w une forme C^∞ de type (n, n) sur V vérifiant $d''w = 0$. Soit K un compact de U ; il existe une forme différentielle v C^∞ au voisinage de $\bar{U} \times \bar{B}$ de type (n, n) , coïncidant avec w sur $K \times B$, et vérifiant les conditions suivantes :

i) $d''v = 0$

ii) il existe un compact L de U tel que le support de v vérifie $Supp(v) \cap U \times B \subset L \times B$.

Démonstration :

Soit L un compact de U dont l'intérieur contient K. (On supposera que K et L sont des polydisques, ce qui n'est pas restrictif). Soit $r \in C_c^\infty(U, \mathbb{R})$ une fonction valant identiquement 1 au voisinage de K et à support dans L. La forme différentielle $r \cdot w$ possède toutes les propriétés requises, sauf la propriété i). Nous allons combler cette lacune grâce au lemme suivant :

Lemme 1.-

Soient $P \subset\subset Q$ deux polydisques de $\mathbb{C}^n$, et soit B un polydisque de $\mathbb{C}^p$. Soit f une forme différentielle C^∞ de type $(n, n+1)$ sur $\mathbb{C}^n \times B$ vérifiant $d''f = 0$ et à support dans $(Q - P) \times B$. Soit $B' \subset\subset B$ un polydisque. Il existe alors une forme différentielle C^∞ g de type (n, n) sur $\mathbb{C}^n \times B'$, à support dans $(Q - P) \times B'$ et vérifiant $d''g = f$.

Démonstration :

Choisissons des coordonnées $t_1, \dots, t_n$ et $z_1, \dots, z_p$ sur $\mathbb{C}^n$ et $\mathbb{C}^p$ respectivement. Toute forme différentielle sur $\mathbb{C}^n \times \mathbb{C}^p$ peut alors s'écrire $w = \Sigma\, w_{I,J,K,L} \cdot dt^I \wedge d\bar{t}^J \wedge dz^K \wedge d\bar{z}^L$; nous dirons que w est le poids au plus h si $w_{I,J,K,L} = 0$ pour $|L| > h+1$, et nous dirons que w est homogène de poids h si l'on a $w_{I,J,K,L} = 0$ si $|L| \neq h$.

Nous allons prouver le lemme par récurrence sur le poids de w. Comme w est de type $(n, n+1)$, w est de poids au plus 0 si $w = 0$, auquel cas le résultat est trivial. Supposons le résultat prouvé pour les formes de poids au plus h ; si w est de poids au plus $h+1$ on peut écrire $w = W + w'$ avec W homogène de poids $h+1$ et w de poids au plus h. Comme on a $d''w = 0$ par hypothèse, on aura (en examinant la partie homogène de poids $h+2$ de $d''w$) $d''_z W = 0$ (où d''_z désigne le d'' par rapport aux variables z seulement). Comme W a son support contenu dans $(Q - P) \times B$, il existe une forme C^∞ sur $\mathbb{C}^n \times B''$, à support dans $(Q - P) \times B''$ et homogène de poids h vérifiant $d''_z V = W$ sur $\mathbb{C}^n \times B''$ (ceci n'est que lemme de Dolbeault avec paramètres). On en déduit immédiatement que la forme $w - d''V$ est de poids au plus h, est d''-fermée (sur $\mathbb{C}^n \times B''$) et à support dans $(Q - P) \times B''$. Si on a eu soin de choisir B'' de manière à avoir $B' \subset\subset B'' \subset\subset B$, on peut appliquer l'hypothèse de récurrence à $w - d''V$, ce qui achève la démonstration du lemme.

Achevons la preuve de la proposition :

D'après le lemme il existe une forme différentielle C^∞ f de type (n, n) sur $\bar{U} \times \bar{B}$, à support dans $(L - K) \times B$, et vérifiant $d''f = d''r \wedge w$; on obtient la forme différentielle v désirée en posant $v = r \cdot w - f$ sur $\bar{U} \times \bar{B}$.

Application :

A l'aide de [B.1], ch. 7, cette proposition donne l'intégration des classes de cohomologie sur les cycles (compacts) dans une variété lisse (projective ou non), puisqu'elle permet (dans le cas Z lisse) de globaliser la proposition 2' de ce chapitre 7 qui est la version locale de l'intégration des classes de cohomologie.

On retrouve ainsi élémentairement le théorème 4 de [B.2].

b)

Proposition 2.-

Soit Z un espace analytique réduit de dimension finie, n-complet. Alors les éléments de $H^n(Z, \Omega_Z^n)$ séparent les cycles compacts de dimension pure n de Z.

Démonstration :

Commençons par montrer que si X et Y sont deux sous-ensembles analytiques compacts de dimension pure n sans composante irréductible commune, il existe $\varphi \in H^n(Z, \Omega_Z^n)$ vérifiant :

$$\int_X \varphi \neq \int_Y \varphi$$

l'intégration des classes de cohomologie étant définie dans [B.1] chap. 7.

Soit w une forme différentielle C^∞ de type (n, n) sur $X \cup Y$ dont le support est un compact de l'ensemble des points lisses de $X \cup Y$, positive (large) en chaque point, nulle sur Y, et strictement positive sur un ouvert non vide de X. On a alors :

$$\int_X w > 0 \qquad \text{et} \qquad \int_Y w = 0 \ .$$

Si S désigne le lieu singulier de $X \cup Y$, w définit un élément de $H^n_c(X \cup Y - S, \Omega^n_{X \cup Y})$ et nous noterons par W l'image de cet élément dans $H^n(X \cup Y, \Omega^n_{X \cup Y})$.

Comme on a un épimorphisme $\Omega^n_Z \to \Omega^n_{X \cup Y}$ dont le noyau K est cohérent, la suite exacte de cohomologie donne un épimorphisme $H^n(Z, \Omega^n_Z) \to H^n(Z, \Omega^n_{X \cup Y}) \to 0$ puisque l'on a $H^{n+1}(Z, K) = 0$ d'après Andréotti-Grauert (Z est supposé n-complet). Comme le faisceau $\Omega^n_{X \cup Y}$ est de support $X \cup Y$, on a $H^n(Z, \Omega^n_{X \cup Y}) = H^n(X \cup Y, \Omega^n_{X \cup Y})$, et il existe $\varphi \in H^n(Z, \Omega^n_Z)$ dont l'image dans $H^n(X \cup Y, \Omega^n_{X \cup Y})$ soit W. On aura alors :

$$\int_X \varphi \neq \int_Y \varphi \qquad \text{d'après la construction de } w .$$

On déduit très facilement la proposition du cas examiné ci-dessus.

Remarque :

Si $\mathcal{C}_n(Z)$ désigne l'espace analytique réduit des cycles compacts de dimension pure n de Z, la proposition précédente montre que les fonctions sur $\mathcal{C}_n(Z)$ données par intégration sur les cycles par les éléments de $H^n(Z, \Omega^n_Z)$ séparent les points ; ces fonctions sont analytiques sur $\mathcal{C}_n(Z)$ dès que Z est lisse ou quasi-projectif (voir [B.1] chap. 7 et [B.2], ou la proposition 1 ci-dessus).

Dans l'esprit de la proposition 2 on obtient aisément grâce au théorème 1 le

Lemme 2.-

Soit X un cycle compact de dimension pure n de Z, espace analytique réduit. Il existe un voisinage ouvert U de $|X|$ dans Z et un élément de $H^n(U, \Omega^n_Z)$ vérifiant : $\int_X \varphi \neq 0$.

Démonstration :

Grâce au théorème 1, il existe un voisinage n-complet U de $|X|$ dans Z. On applique alors le raisonnement de la proposition 2 avec $Y = \emptyset$ (qui est de dimension pure n ...), ce qui achève la démonstration.

Corollaire.-

Si Z est lisse ou bien quasi-projectif, le morphisme :

$$R^n\pi_* \, p^*\Omega^n_Z \to \mathcal{O}_{\mathcal{C}_n(Z)}$$

donné par intégration sur les cycles est surjectif. (*)

Démonstration :

Le problème est local sur $\mathcal{C}_n(Z)$. Soit donc X un cycle compact de dimension pure n de Z, et soit U un voisinage ouvert de X dans Z qui soit n-complet. Soit $\varphi \in H^n(U, \Omega^n_Z)$ vérifiant $\int_X \varphi \neq 0$ (cela existe d'après le lemme précédent) et notons par $\tilde{\varphi}$ l'image (réciproque) de φ dans $H^n(\mathcal{C}_n(U) \times U, p^*\Omega^n_Z)$.

Comme U est n-complet, $\mathcal{C}_n(U)$ est de Stein (d'après [B.3]) et la suite spectrale d'image directe :

$$E_2^{a,b} = H^a(\mathcal{C}_n(U), R^b\pi_* \, p^*\Omega^n_Z) \Rightarrow H^{a+b}(\mathcal{C}_n(U) \times U, p^*\Omega^n_Z)$$

vérifie $E_2^{a,b} = 0$ pour $a \neq 0$, en vertu du théorème B de Cartan (c'est-à-dire qu'elle dégénère). On en déduit l'isomorphisme :

$$H^n(\mathcal{C}_n(U) \times U, p^*\Omega^n_Z) \xrightarrow{\sim} H^o(\mathcal{C}_n(U), R^n\pi_* \, p^*\Omega^n_Z) .$$

Il résulte alors du choix de φ que l'image de $\tilde{\varphi}$ dans l'espace des fonctions analytiques sur $\mathcal{C}_n(U)$ est une fonction non nulle en $X \in \mathcal{C}_n(U)$. Ceci prouve le résultat annoncé.

c)

Théorème 2.-

Soit Z un espace analytique réduit quasi-projectif ou bien lisse, et soit X un cycle compact de dimension pure n de Z. Il existe un voisinage ouvert U de $|X|$ dans Z (que l'on peut supposer n-complet) tel que les éléments $H^n(U, \Omega^n_Z)$ donnent, par intégration sur les cycles de U, des coordonnées (locales) en X dans $\mathcal{C}_n(Z)$.

(*) pour les notations voir l'exemple du d).

Démonstration :

On peut recouvrir $|X|$ par un nombre fini d'écailles associées à des cartes de Z sur des produits $U_i \times B_i$ de polydisques de $\mathbb{C}^n$ et $\mathbb{C}^p$ respectivement, l'image de X dans $U_i \times B_i$ définissant un revêtement ramifié de degré k_i de U_i par la projection évidente. Si on considère suffisamment de projections indépendantes l'espace $\mathcal{C}_n(Z)$ est réalisé (c'est presque la construction de [B.1] ; l'isotropie étant réalisée dès que l'on considère suffisamment de projections linéaires indépendantes) comme sous-ensemble analytique banachique du produit $\Pi\, H(\bar{U}_i, \mathrm{Sym}^{k_i}(B_i))$, où $H(\bar{U}_i, \mathrm{Sym}^{k_i}(B_i))$ est un sous-ensemble analytique localement fermé de l'espace de Banach $H(\bar{U}_i, E_i)$ (voir [B.1]) . D'après le théorème d'enfermabilité de [M.] , ce sous-ensemble analytique qui est de dimension finie en X est localement contenu près de X , dans une sous-variété analytique de dimension finie. Ceci montre que l'on peut donner des coordonnées locales sur $\mathcal{C}_n(Z)$ près de X grâce à un nombre fini de formes linéaires sur le produit $\Pi\, H(\bar{U}_i, E_i)$.

Si $E = \bigoplus_{1}^{k} S_h(\mathbb{C}^p)$, l'espace E s'identifie à l'espace des polynômes de degré au plus k et nuls en 0 sur $(\mathbb{C}^p)^*$, et l'espace de Banach $H(\bar{U}, E)$ s'identifie à l'espace des fonctions continues sur $\bar{U} \times (\mathbb{C}^p)$, analytiques sur $U \times (\mathbb{C}^p)^*$, polynomiales de degré au plus k en la seconde variable, et nulles sur $\bar{U} \times \{0\}$. Les formes linéaires continues sur cet espace données par évaluation en un point de $U \times (\mathbb{C}^p)^*$ engendrent un sous-espace dense du dual.

Il nous suffit donc de montrer que si U est un voisinage (n-complet) de $|X|$ contenu dans $\cup\, U_i \times B_i$, pour chaque i on peut approcher toute forme linéaire d'évaluation sur $H(\bar{U}_i, E_i)$ par un élément de $H^n(U, \Omega^n_Z)$ uniformément sur un voisinage fixe de X dans $\mathcal{C}_n(Z)$.

Ceci est une conséquence immédiate du lemme suivant :

Lemme 3.-

Soient U et B des polydisques relativement compacts de $\mathbb{C}^n$ et $\mathbb{C}^p$ respectivement ; soit k un entier positif. On considère $\mathrm{Sym}^k(B) \subset \mathrm{Sym}^k(\mathbb{C}^p)$ comme plongés dans $E = \bigoplus_{1}^{k} S_h(\mathbb{C}^p)$ par le plongement canonique donné par les fonctions de Newton (voir [B.1]) . Un élément de $\mathrm{Sym}^k(\mathbb{C}^p)$ $(x_1,\dots,x_k)$ sera donc considéré comme polynôme sur $(\mathbb{C}^p)^*$ par

$$\ell \to \sum_{m=1}^{k} \sum_{j=1}^{k} \ell(x_j)^m .$$

Pour tout $(t_o, \ell) \in U \times (\mathbb{C}^p)^*$, il existe une suite φ_ν de formes différentielles C^∞ de type (n, n) sur $U \times B$, d"-fermée, à supports uniformément B-propres (c'est-à-dire contenu dans le produit d'un compact fixe de U par B), telle que les fonctions $F_\nu : H(\bar{U}, \mathrm{Sym}^k(B)) \to \mathbb{C}$ donnée par intégration des φ_ν convergent uniformément vers la restriction à $H(\bar{U}, \mathrm{Sym}^k(B))$ de l'évaluation en (t_o, ℓ).

Démonstration :

Grâce au passage en "Newton", il suffit de trouver une telle suite de formes différentielles telle que la suite des fonctions associées convergent uniformément vers la fonction

$$H(\bar{U}, \mathrm{Sym}^k(B)) \to \mathbb{C} \quad \text{donnée par} \quad X \to \langle N_m X(t_o), \ell^m \rangle$$

pour $m \in [1,k]$, où $N_m : \mathrm{Sym}^k(\mathbb{C}^p) \to S_m(\mathbb{C}^p)$ est la $m^{\text{ième}}$ application de Newton.

Soit r_ν une suite de fonctions C^∞ à supports compacts dans U, telles que la suite $r_\nu(t) \,.\, dt \wedge d\bar{t}$ converge au sens des distributions vers la masse de Dirac en t_o. Si l'on pose alors

$\varphi_\nu(t, x) = \ell^m(x) \,.\, r_\nu(t) \,.\, dt \wedge d\bar{t}$, un choix convenable des r_ν assure la condition de support, la condition de d"-fermeture étant évidente.
Pour $X \in H(\bar{U}, \mathrm{Sym}^k(B))$, on aura :

$$F_\nu(X) = \int_U \mathrm{Trace}_{X/U} [\ell^m(x)] (t) \,.\, r_\nu(t) \,.\, dt \wedge d\bar{t}$$

où l'on a en fait $\mathrm{Trace}_{X/U} [\ell^m(x)] = \langle N_m X, \ell^m \rangle$. Il suffit alors de constater que les fonctions analytiques $\langle N_m X, \ell^m \rangle$ restreintes à un voisinage de t_o forment une partie bornée pour la topologie des fonctions C^∞ sur ce voisinage (ce qui résulte du théorème de Vitali) pour conclure à la convergence uniforme ; ceci achève la démonstration du lemme.

Conséquence :

Soit U un voisinage n-complet de $|X|$ dans Z (lisse ou quasi-projectif) assez petit pour que les éléments de $H^n(U, \Omega^n_Z)$ donnent des coordonnées locales sur $\mathcal{C}_n(Z)$ près de X. L'application

$$\mathcal{C}_n(U) \to H^n(U, \Omega^n_Z)' \quad ,$$

définie par $Y \to (\varphi \to \int_Y \varphi)$ est faiblement analytique sur $\mathcal{C}_n(U)$ (théorème d'intégration des classes de cohomologies) donc analytique puisque $\mathcal{C}_n(U)$ est de dimension finie, injective puisque U est n-complet, et c'est un plongement local en X. D'après [M.] l'image du germe en X de $\mathcal{C}_n(U)$ est un germe d'ensemble analytique de dimension finie (isomorphe) contenu dans un germe de variété analytique lisse et de dimension finie de $H^n(U, \Omega^n_Z)'$. Ceci peut donc être considéré comme une réalisation "concrète" du germe en X de $\mathcal{C}_n(U)$.

Malheureusement, il ne semble pas facile de prouver directement que dans les conditions ci-dessus les éléments de $H^n(U, \Omega^n_Z)'$ qui sont donnés par intégration sur un cycle compact voisin du cycle X considéré est, au voisinage de l'image de X dans $H^n(U, \Omega^n_Z)'$, un sous-ensemble analytique localement fermé et de dimension finie de $H^n(U, \Omega^n_Z)'$.

L'interprétation de ceci en terme de classe fondamentale dans les cas où Z est lisse est assez claire : en effet le théorème de dualité de Serre donne un isomorphisme (car U est supposé n-complet ...) :

$$H^n(U, \Omega^n_Z)' \approx H^p_c(U, \Omega^p_Z)$$

où l'on a posé $\dim U = n+p$, et au voisinage de X l'espace des cycles $\mathcal{C}_n(U)$ s'identifie (en tant qu'espace analytique réduit) à l'ensemble des éléments de $H^p_c(U, \Omega^p_Z)$ qui sont des classes fondamentales de cycles compacts de dimension pure n de U. En effet la dualité de Serre est donnée par cup-produit suivi de la trace $H^{n+p}_c(U, \Omega^{n+p}_Z) \to \mathbb{C}$, et si X est un cycle compact de dimension pure n et de classe fondamentale c^U_X dans $H^p_c(U, \Omega^p_Z)$, l'intégrale sur X de la classe de cohomologie φ de $H^n(U, \Omega^n_Z)$ vérifie :

$$\int_X \varphi = \mathrm{Trace}\,[c^U_X \cup \varphi] \quad .$$

d)

<u>Théorème 3.-</u>

Soit $\pi : X \to Y$ un morphisme propre d'espaces analytiques complexes. Soit $Y_n = \{y \in Y \ \dim \pi^{-1}(y) \geqslant n\}$. Pour tout faisceau cohérent $\mathfrak{F}$ sur X , le support du faisceau cohérent $R^n\pi_* \mathfrak{F}$ est contenu dans Y_n .

Démonstration :

D'après le théorème d'image directe de Grauert le faisceau $R^n\pi_* \mathfrak{F}$ est cohérent sur Y . Il nous suffit donc de montrer que si $y \notin Y_n$ (c'est-à-dire si $\dim \pi^{-1}(y) < n$) le germe en y du faisceau $R^n\pi_* \mathfrak{F}$ est le faisceau associé au préfaisceau $U \to H^n(\pi^{-1}(U), \mathfrak{F})$ sur Y , il existe un voisinage ouvert U_y de y dans Y et un élément S dans $H^n(\pi^{-1}(U_y), \mathfrak{F})$ dont l'image naturelle dans $R^n\pi_* \mathfrak{F}_y$ est s . Comme le sous-ensemble analytique compact $\pi^{-1}(y)$ de X est de dimension au plus $(n-1)$, il admet un système fondamental de voisinages ouverts $(n-1)$-complets.

Si V est un voisinage ouvert $(n-1)$complet de $\pi^{-1}(y)$ contenu dans U_y , l'application naturelle

$$H^n(\pi^{-1}(U_y), \mathfrak{F}) \to \lim_{U \ni y} H^n(\pi^{-1}(U), \mathfrak{F}) = R^n\pi_* \mathfrak{F}_y$$

se factorise à travers $H^n(V, \mathfrak{F})$ qui est nul d'après le théorème d'Andréotti-Grauert. On en déduit la nullité de s et le résultat.

Exemple :

Soit Z un espace analytique réduit, $\mathcal{C}_n(Z)$ l'espace analytique réduit des cycles compacts de dimension pure n de Z , $\mathcal{C}_n(Z) \ast Z$ la famille universelle de cycles au-dessus de $\mathcal{C}_n(Z)$, dont le graphe est le sous-ensemble analytique fermé de $\mathcal{C}_n(Z) \times Z$ qui est défini par

$$\mathcal{C}_n(Z) \ast Z = \{(X, z) \in \mathcal{C}_n(Z) \times Z \ / \ z \in |X|\}$$

où $|X|$ désigne le support du cycle X . La projection de $\mathcal{C}_n(Z) \times Z$ sur $\mathcal{C}_n(Z)$ induit un morphisme propre $\pi : \mathcal{C}_n(Z) \ast Z \to \mathcal{C}_n(Z)$ dont les fibres sont de dimension pure n . On a donc pour tout faisceau cohérent $\mathfrak{F}$ sur $\mathcal{C}_n(Z) \ast Z$ et tout $i > 0$, d'après le théorème ci-dessus :

$$R^{n+i}\pi_* \mathfrak{F} = 0 \quad .$$

Ceci montre que la suite spectrale d'image directe :

$$E_2^{a,b} = H^a(\,\mathcal{C}_n(Z)\,,\,R^b\pi_*\,\mathcal{F}) \Rightarrow H^{a+b}(\,\mathcal{C}_n(Z) * Z\,,\,\mathcal{F}\,)$$

vérifie $E_2^{a,b} = 0$ pour $b > n$, d'où l'existence d'un "edge"

$$H^{n+i}(\,\mathcal{C}_n(Z) * Z\,,\,\mathcal{F}\,) \rightarrow H^i(\,\mathcal{C}_n(Z)\,,\,R^n\pi_*\,\mathcal{F}\,)$$

pour tout $i > 0$.

Si Z est lisse ou bien quasi-projectif (c'est-à-dire plongeable comme sous-ensemble analytique fermé d'un ouvert d'espace projectif) l'intégration des classes de cohomologies sur les cycles donne un morphisme de faisceaux cohérents sur $\mathcal{C}_n(Z)$:

$$R^n\pi_*\,p^*\Omega_Z^n \rightarrow O_{\mathcal{C}_n(Z)} \quad \text{(où } p : \mathcal{C}_n(Z) * Z \rightarrow Z \text{ est la projection)}$$

qui donne pour les i-èmes groupes de cohomologie un morphisme

$$H^i(\,\mathcal{C}_n(Z)\,,\,R^n\pi_*\,p^*\Omega_Z^n) \rightarrow H^i(\,\mathcal{C}_n(Z), O_{\mathcal{C}_n(Z)}) \quad .$$

En composant le morphisme ainsi obtenu avec l'edge ci-dessus et avec le morphisme naturel d'image réciproque :

$$H^{n+i}(Z, \Omega_Z^n) \rightarrow H^{n+i}(\,\mathcal{C}_n(Z) * Z\,,\,p^*\Omega_Z^n)$$

on obtient une application $\rho^i : H^{n+i}(Z, \Omega_Z^n) \rightarrow H^i(\mathcal{C}_n(Z), O)$ "dérivée" i-ème de l'application d'intégration sur les cycles. On obtient ainsi une généralisation de l'application ρ^1 introduite par Andreotti-Norguet dans [A.N.] .

B I B L I O G R A P H I E

[A.N.] A. ANDREOTTI et F. NORGUET - La convexité holomorphe dans l'espace analytique des cycles d'une variété algébrique. Ann. Scuola Norm. Sup. Pisa (1967) t. 21

[B.1] D. BARLET - Séminaire F. NORGUET 1974-1975 - Lecture Notes n° 482 Springer Verlag

[B.2] D. BARLET - Familles analytiques de cycles et classes fondamentales relatives (dans ce volume) .

[B.3] D. BARLET - Convexité de l'espace des cycles (à paraître)

[M] P. MAZET - Un théorème d'image directe propre. Séminaire P. LELONG 1972-1973 - Lecture Notes n° 410 Springer Verlag.

SUR LES FIBRES INFINITESIMALES D'UN MORPHISME PROPRE D'ESPACES COMPLEXES

par

Constantin Bănică

Soient $f : X \longrightarrow Y$ un morphisme propre d'espaces complexes, y un point de Y et $\mathfrak{m}_y$ l'idéal maximal de $\mathcal{O}_{Y,y}$. Pour tout entier $n \geq 0$ on note $X_y^{(n)}$ l'espace complexe $(f^{-1}(y), \mathcal{O}_X/\mathfrak{m}_y^{n+1}\mathcal{O}_X|f^{-1}(y))$. $X_y^{(n)}$ s'appele la fibre n-infinitésimelle de f en y. $X_y^{(o)}$ est la fibre analytique de f en y. On a des applications naturelles $X_y^{(n)} \longrightarrow X_y^{(m)}$, $0 \leq n \leq m$, en fait on obtient un système inductif d'espaces complexes. Il s'agit dans ce papier de commenter certains résultats connus concernant ces systèmes inductifs et d'ajouter des résultats nouveaux et un nombre de problèmes ouverts. Surtout il s'agit de lier $(X_y^{(n)})_{n \geq 0}$ de système des voisinages de $f^{-1}(y)$ dans X. Au texte d'exposé on a ajouté le texte de la conférence faite par l'auteur au Colloque sur l'Analyse complexe, Nancy, avril,1978.

I. Le cas des classes de cohomologie

1. Conservons les notations de l'introduction. Supposons que $\mathcal{F}$ est un faisceau analytique cohérent sur X, on va écrire $\mathcal{F} \in \mathrm{Coh}\, X$.

Pour tout n on note $\mathcal{F}_y^{(n)} = \mathcal{F}/\mathfrak{m}_y^{n+1}\mathcal{F}$, ou bien sa restriction à $X_y = f^{-1}(y)$. $\mathcal{F}_y^{(n)}$ est un faisceau cohérent sur $X_y^{(n)}$. Pour $n \leq m$, l'image inverse de $\mathcal{F}_y^{(m)}$ par $X_y^{(n)} \longrightarrow X_y^{(m)}$ est canoniquement isomorphe à $\mathcal{F}_y^{(n)}$. Pour tout entier q on obtient des applications $\mathbf{C}$-linéaires $H^q(X_y^{(m)}, \mathcal{F}_y^{(m)}) \longrightarrow H^q(X_y^{(n)}, \mathcal{F}_y^{(n)})$ et en fait un système projectif $H^q(X_y^{(n)}, \mathcal{F}_y^{(n)})_{n \geq o}$. On a des isomorphismes

$$(R^q f_* \mathcal{F})_y \simeq H^q(X_y, \mathcal{F}) \simeq \varinjlim_{U \supset X_y} H^q(U, \mathcal{F}).$$

Les applications quotient $\mathcal{F} \longrightarrow \mathcal{F}_y^{(n)}$ induissent des morphismes

$$(R^q f_* \mathcal{F})_y \longrightarrow H^q(X_y^{(n)}, \mathcal{F}_y^{(n)})$$

et par passage à la limite des morphismes

$$\varprojlim (R^q f_* \mathcal{F}_y / \mathfrak{m}_y^{n+1} R^q f_* \mathcal{F}_y) \longrightarrow \varprojlim H^q(X_y^{(n)}, \mathcal{F}_y^{(n)}).$$

La source s'identifie au complété du $\mathcal{O}_y$-module de type fini $R^q f_* \mathcal{F}_y$ dans la topologie $\mathfrak{m}_y$-adique.

<u>Théorème</u> (i). Les morphismes ci-dessus

$$(R^q f_* \mathcal{F}_y)^{\wedge} \longrightarrow \varprojlim_{n} H^q(X_y^{(n)}, \mathcal{F}_y^{(n)})$$

sont des isomorphismes.

(ii). Il existe un entier n_o tel que

$$\mathrm{Ker}(H^q(X_y,\mathcal{F}) \longrightarrow H^q(X_y,\mathcal{F}_y^{(n+r)})) = \mathfrak{m}_y^r \, \mathrm{Ker}(H^q(X_y,\mathcal{F}) \longrightarrow H^q(X_y,\mathcal{F}_y^{(n)}))$$

$$\mathrm{Im}(H^q(X_y,\mathcal{F}^{(n+r)}) \longrightarrow H^q(X_y,\mathcal{F}_y^{(r)})) = \mathrm{Im}(H^q(X_y,\mathcal{F}_y^{(n_o+r)}) \rightarrow H^q(X_y,\mathcal{F}^{(r)}))$$

pour $r \geq 0$, $q \geq 0$ et $n \geq n_o$.

L'assertion (i) est le "Vergleichssatz" de Grauert, cf. ([12], Hauptsatz II) et le travail de Knorr [17]. La première assertion de (ii) se trouve également dans ([12], Hauptsatz II a) et [17] , sous la forme: il existe une fonction $\varphi : \mathbb{N} \longrightarrow \mathbb{N}$ tel que $\lim_{n \to \infty} \varphi(n) = \infty$ et vérifiant pour tout $q \geq 0$ et $n \geq 0$ l'inclusion

$$\mathrm{Ker}(H^q(X_y,\mathcal{F}) \longrightarrow H^q(X_y^{(n)}, \mathcal{F}_y^{(n)})) \subseteq \mathfrak{m}_y^{\varphi(n)} \, H^q(X_y,\mathcal{F}).$$

La forme plus précise et la deuxième égalité de (ii) sont prouvés dans [3].

Signalons la conséquence remarquable suivante

<u>Corollaire</u>. $\mathrm{Im}(H^q(X_y,\mathcal{F}) \longrightarrow H^q(X,\mathcal{F}_y^{(r)})) = \mathrm{Im}(H^q(X,\mathcal{F}_y^{(n_o+r)}) \longrightarrow$ $\longrightarrow H^q(X,\mathcal{F}_y^{(r)}))$ pour $r \geq 0$ et $q \geq 0$.

Prouvons la par exemple pour $r = 0$. Soit ξ_o un élément de $\mathrm{Im}(H^q(X,\mathcal{F}_y^{(n_o)}) \longrightarrow H^q(X_y,\mathcal{F}/\mathfrak{m}_y\mathcal{F}))$. D'après (ii) il existe un élément $\eta_1 \in H^q(X,\mathcal{F}_y^{(2n_o)})$ dont l'image est ξ_o et soit ξ_1 l'image de η_1

dans $H^q(X,\mathcal{F}_y^{(n_o)})$. Comme $\xi_1 \in \mathrm{Im}(H^q(X,\mathcal{F}_y^{(2n_o)}) \longrightarrow H^q(X,\mathcal{F}_y^{(n_o)}))$, de nouveau on peut trouver un élément $\eta_2 \in H^q(X,\mathcal{F}_y^{(3n_o)})$ et soit ξ_2 l'image de ceci dans $H^q(X,\mathcal{F}_y^{(2n_o)})$. On continue et on trouve un élément de $\varprojlim_n H^q(X,\mathcal{F}_y^{(nn_o)})$. D'après le théorème de comparaison lui correspond un élément $\theta = (\theta_n)_n$ de $\varprojlim (R^qf_*\mathcal{F}_y/m_y^n(R^qf_*\mathcal{F})_y)$. On prenne dans $R^qf_*\mathcal{F}_y \simeq H^q(X_y,\mathcal{F})$ un représentant de θ_o et l'image de ceci par

$$H^q(X_y,\mathcal{F}) \longrightarrow H^q(X_y,\mathcal{F}/m_y\mathcal{F}) \text{ est } \xi_o.$$

Dans ([14], th.4.1) Griffiths démontre l'égalité

$$\mathrm{Im}(H^q(X_y,\mathcal{F}) \longrightarrow H^q(X_y,\mathcal{F}/m_y\mathcal{F})) = \mathrm{Im}(H^q(X,\mathcal{F}_y^{(n_o)}) \longrightarrow H^q(X,\mathcal{F}/m_y\mathcal{F}))$$

(pour n_o convenable) quand $f : X \longrightarrow Y$ est une famille de déformations de Kodaira-Spencer [18] et $\mathcal{F}$ localement libre (dans la terminologie de [14], l'égalité exprime qu'on a seulement un nombre fini d'obstructions pour prolonger les classes de cohomologie et que si une classe de cohomologie peut se prolonger formelement, alors elle peut se prolonger dans un voisinage de X_y). Ensuite Wawrick [26] prouve l'égalité pour les espaces complexes, mais moyenant l'hypothèse supplimentaire que f est plat et $\mathcal{F}$ plat sur Y.

2. On peut se demander comment se comportent les fonctions

$$n \longmapsto \chi(X_y^{(n)},\mathcal{F}_y^{(n)}) = \sum_q (-1)^q \dim H^q(X,\mathcal{F}/m_y^{n+1}\mathcal{F}),$$

$n \longmapsto \dim H^q(X_y^{(n)},\mathcal{F}_y^{(n)})$ pour $n \gg 0$. On a le résultat suivant [5]

<u>Théorème</u>. La fonction $n \longmapsto \chi(X_y^{(n)},\mathcal{F}_y^{(n)})$ est polynomiale pour $n \gg 0$. Si en plus $\mathcal{F}$ est plat sur Y alors pour tout $q \geqslant 0$, la fonction $n \longmapsto H^q(X_y^{(n)},\mathcal{F}_y^{(n)})$ est aussi polynomiale pour $n \gg 0$.

Esquissons briévement l'argument. Pour la première fonction il suffit de prouver que la fonction différence $n \longmapsto \chi(X_y^{(n+1)},\mathcal{F}_y^{(n+1)}) - \chi(X_y^{(n)},\mathcal{F}_y^{(n)})$ est polynomiale. Pour ceci il suffit de prouver que pour tout q la fonction $n \longmapsto \dim H^q(X, \mathfrak{m}_y^n \mathcal{F}/\mathfrak{m}_y^{n+1}\mathcal{F})$ a cette propriété. Mais $\bigoplus (\mathfrak{m}_y^n \mathcal{F}/\mathfrak{m}_y^{n+1}\mathcal{F})$ est faisceau gradué cohérent sur le faisceau d'anneaux $\bigoplus (\mathfrak{m}_y^n \mathcal{O}_X/\mathfrak{m}_y^{n+1}\mathcal{O}_X)$ et on applique le théorème de finitude pour les faisceaux gradués de [3] et ([24], chap.II,Th.2). La deuxième assertion découle du résultat suivant, cas particulier d'un résultat plus général (bornons nous de dire simplement qu'il s'agit de l'analogue d'un résultat algébrique de Grothendieck [15] et que les complexes construits dans les travaux de Forster-Knorr [11] et Kiehl-Verdier [16] vérifient ce qu'il faut; envoyons à [4], ch.3, pour démonstration et renseignements).

Théorème (du complexe). Supposons $\mathcal{F}$ plat sur Y. Alors il existe, localement sur Y, un complexe $\mathcal{L}^\bullet$ de $\mathcal{O}_Y$ - modules libres de rang fini dont la cohomologie est $R^\bullet f_* \mathcal{F}$ et tel que pour tout y et tout n, la cohomologie du $\mathcal{L}_y^\bullet/\mathfrak{m}_y^{n+1}\mathcal{L}_y^\bullet$ est $H^q(X_y^{(n)}, \mathcal{F}_y^{(n)})$.

3. Le pas suivant est de voir ce que se passe aux points voisines de y. On a [5] .

Théorème. Supposons que $\mathcal{F}$ est plat sur Y et que y est régulier.

(i) Il existe un voisinage V de y tel que

$$\dim(H^q(X_{y'}^{(n)}, \mathcal{F}_{y'}^{(n)})) \leq \dim H^q(X_y^{(n)}, \mathcal{F}_y^{(n)})$$

pour $q \geqslant 0$, $n \geqslant 0$ et $y' \in V$.

(ii) $\mathcal{F}$ est q-cohomologiquement plat en y (i.e. $R^q f_* \mathcal{F}_y$ est $\mathcal{O}_y$-libre et l'application $R^q f_* \mathcal{F}_y \longrightarrow H^q(X_y, \mathcal{F}/\mathfrak{m}_y\mathcal{F})$ est surjective) si et seulement si le polynôme associé à la fonction $n \longmapsto \dim H^q(X_{y'}^{(n)}, \mathcal{F}_{y'}^{(n)})$ est indépendant de y' dans un voisinage de y.

Pour l'assertion (i) on utilise le fait suivant [20]: "Soit $(S, \mathcal{O}_S)$ un espace complexe. Alors pour tout s de S il existe un voisinage V tel que $\dim(\mathcal{O}_{s'}/\mathfrak{m}_{s'}^n) \leq \dim(\mathcal{O}_s/\mathfrak{m}_s^n)$ pour $n \geqslant 0$ et $s' \in S$."

Pour (ii) on utilise le résultat d'algèbre suivant [6]: "Soit A un anneau local noethérien régulier, $\mathfrak{m}$ son idéal maximal et M un A-modul de type fini. Si le polynôme de Hilbert-Samuel de M coïncide au polynôme d'un A-module libre, alors M est libre".

Remarquons qu'on a le fait plus précis: si $\ell(M/\mathfrak{m}^{n_k} M)$ est divisible par $\ell(A/\mathfrak{m}^{n_k})$ pour une suite $n_k \longrightarrow \infty$, alors M est libre. En effet, il va résulter que $\ell(M/\mathfrak{m}^{n_k} M) = e_M \cdot \ell(A/\mathfrak{m}^{n_k})$ pour $k \gg 0$, où e_M est la multiplicité de M, et ensuite que $\ell(M/\mathfrak{m}^n M) = e_M \, \ell(A/\mathfrak{m}^n)$ pour $n \gg 0$ et on réduit la question au fait rappelé ci-dessus. Comme il est remarqué par C.P.L. Rhodes in (Math. Reviews, May 1978, recension du papier [6]), le critère assurant que M est libre est une conséquence d'un critère concernant la propriété de Cohen-Macaulay ([22], th.6.5 (iii)). Remarquons aussi l'analogie (de type local-gradué) entre le critère de [6] et le résultat suivant prouvé dans [1] :

"Soit $\mathcal{F}$ un faisceau cohérent sur l'espace projectif $\mathbb{P}^n$.

Supposons que le polynôme de Hilbert $m \longmapsto \chi(\mathbb{P}^n, \mathcal{F}(m))$ coïncide au polynôme d'un faisceau libre. Alors $\mathcal{F}$ est libre si et seulement si $H^r(\mathbb{P}^n, \mathcal{F}(-r)) = 0$ pour $r > 0$; si en plus $\mathcal{F}$ est localement libre alors on a encore l'équivalence avec la condition $H^r(\mathbb{P}^n, \mathcal{F}(-r-1)) = 0$ pour $r < n$".

Dans [6], également pour pouvoir démontrer un théorème de continuité pour les polynômes associés aux morphismes propres, nous sommes amenés à prouver le fait que un anneau local noethérien dont le polynôme de Hilbert-Samuel coïncide à celui d'un anneau régulier est régulier. Ceci était déjà connu, cf. [22], th.6.3.

Détails de démonstration pour le théorème se trouvent dans [5]. Notons seulement que la démonstration, jointe aux résultats de [20], montre que pour tout q la famille d fonctions $(n \longmapsto \dim H^q(X_y^{(n)}, \mathcal{F}_y^{(n)}))_y$ est localement finie sur Y et que pour toute fonction $\varphi: \mathbb{N} \longrightarrow \mathbb{N}$ l'ensemble $\{y \in Y \mid \dim H^q(X_y^{(n)}, \mathcal{F}_y^{(n)}) = \varphi(n),$ pour tout $n\}$ est un ensemble analytique (localement fermé) de Y. On obtient ainsi une stratification pour Y; si Y est lisse et $Y' \xrightarrow{i} Y$ est un changement de base avec Y' lisse et conexe, alors le théorème montre que l'image inverse de $\mathcal{F}$ sur $X \times_Y Y'$ est q-cohomologiquement plat sur Y' si et seulement si j(Y') est contenu dans un stratus.

Rappelons aussi que les degrés des polynômes de I.2 sont $\leq$ $\leq \dim_y Y$ (cf. [5]). Énoncons maintenant quelques conséquences.

Corollaire. Avec les notations ci-dessus ($\mathcal{F}$ étant supposé plat sur Y), si pour un point régulier y de Y et un entier $q \geq 0$ on a $H^q(X_y^{(n)}, \mathcal{F}_y^{(n)}) = 0$ pour $n >> 0$, alors $H^q(X_y, \mathcal{F}/m_y\mathcal{F}) = 0$.

Corollaire. Soit $f : X \longrightarrow Y$ un morphisme lisse de varietés complexes et soit $\mathcal{F}$ un faisceau localement libre de rang fini sur X. Pour tout compact K de Y il existe un entier $n_o = n_o(K,\mathcal{F})$ avec la propriété: si pour $q \geq 0$, $\dim H^q(X_y^{(n)}, \mathcal{F}_y^{(n)}) = \dim H^q(X_{y'}^{(n)}, \mathcal{F}_{y'}^{(n)})$ pour tout couple (y,y') de points de K et pour au moins dim Y valeurs $n \geq n_o$, alors $R^q f_* \mathcal{F}$ est localement libre dans un voisinage de K.

Corollaire. Soient $f : X \longrightarrow Y$ un morphisme lisse d'espaces complexes, y un point de Y et $q \geq 0$ un entier. Si $H^q(X_y^{(n)}, \Theta_{X_y^{(n)}}) = 0$ pour $n >> 0$, alors $H^q(X_y, \Theta_{X_y}) = 0$ (Θ c'est le faisceau dual du faisceau Ω des formes différentielles).

En effet, si $\Omega_{X/Y}$ est le faisceau des formes différentielles relatives, alors $(\Omega_{X/Y})_y^{(n)} \simeq \Omega_{X_y^{(n)}}$ (la propriété de changement de base [9]); $\Theta_{X/Y} = \mathcal{H}om_{\mathcal{O}_X}(\Omega_{X/Y}, \mathcal{O}_X)$ est un faisceau localement libre de rang fini sur X (donc plat sur Y) et on déduit que

$$(\Theta_{X/Y})_y^{(n)} \simeq \Theta_{X_y^{(n)}} \; (= \mathcal{H}om_{\mathcal{O}_{X_y^{(n)}}}(\Omega_{X_y^{(n)}}, \mathcal{O}_{X_y^{(n)}}))$$

et on applique le premier corollaire.

Question. Nous ne savons pas relaxer, dans le théorème, l'hypothèse que Y est régulier en y. En particulier nous ne savons pas si l'assertion suivante est vraie:

"Soient $f : X \longrightarrow Y$ un morphisme propre d'espaces complexes, $\mathcal{F} \in \mathrm{Coh}\, X$ plat sur Y, $y \in Y$ et q un entier. Supposons Y réduit en y et $H^q(X_y^{(n)}, \mathcal{F}_y^{(n)}) = 0$ pour $n \gg 0$. Alors $H^q(X_y, \mathcal{F}_y) = 0$."

De même, nous ignorons si on peut démontrer des assertions de sémi-continuité et continuité pour les coefficients des polynômes études ici (quand on écrit ces polynômes dans la base donnée par $\binom{d+n}{d}$, comme par exemple dans [22]).

4. On va faire quelques commentaires sur les familles différentielles de variétés complexes compactes. Soit Y une variété C^∞ et désignons par $\mathcal{E}$ le faisceau des fonctions C^∞ sur Y à valeurs complexes. Soit $f : X \longrightarrow Y$ une famille de variétés complexes compactes paramétrée par Y et $\mathcal{F}$ un faisceau sur X, localement libre de type fini (on va considérer sur X comme faisceau structurel le faisceau des fonctions "C^∞ sur la base et holomorphes sur la fibre"). Le résultat fondamental est

Théorème. Il existe, localement sur Y, un complex $\mathcal{L}^\bullet$ de $\mathcal{E}$-modules libres de type fini ayant la propriété suivante:
pour tout $\mathcal{E}$-module pseudocohérent et Fréchet $\mathcal{M}$ on a des isomorphismes

$$H^q(\mathcal{L}^\bullet \otimes_{\mathcal{E}} \mathcal{M}) \simeq R^q f_*(\mathcal{F} \otimes_{\mathcal{E}} \mathcal{M}) \qquad (q \geq 0),$$

fonctoriels en $\mathcal{M}$ et compatibles avec les suites exactes courtes.

Forster-Knorr (Invent.math.,16,113-160, 1972) et Kiehl (Invent. math.,16,40-112, 1972) démontrent l'existence d'un $\mathcal{L}^\bullet$ vérifiant $H^q(\mathcal{L}^\bullet) \simeq R^q f_*(\mathcal{F})$ $(q \geq 0)$. Ensuite il n'est pas assez difficile de montrer que le complexe de Forster-Knorr ou celui de Kiehl verifie ce qu'il faut: pour $\mathcal{M}$ de la forme $\mathcal{E}/\mathfrak{m}_y$ le raisonement est dû à Schneider (Invent.math.,16,161-176 , 1972), pour le cas général envoyons à [5] (en fait le raisonement de [5] est adaptable à la situation générale des espaces analytiques relatifs).

On peut appliquer le théorème pour les faisceaux $\mathcal{M}$ donnés par les quotients $\mathcal{E}_y/\mathfrak{m}_y{}^{n+1}$ et on obtient des isomorphismes

$$H^q(\mathcal{L}^{\bullet}_y/\mathfrak{m}_y^{n+1}\mathcal{L}^{\bullet}_y) \simeq H^q(X,\mathcal{F}/\mathfrak{m}_y^{n+1}\mathcal{F})(= H^q(X_y^{(n)},\mathcal{F}_y^{(n)})).$$

On va déduire alors pour les fonctions $n \longmapsto \dim H^q(X_y^{(n)},\mathcal{F}_y^{(n)})$ des résultats analogues aux précédents, à l'exception de la propriété de semi-continuité que nous savons la prouver seulement sous la forme: pour tout n il existe un voisinage V de y tel que

$$\dim H^q(X_{y'}^{(n)},\mathcal{F}_{y'}^{(n)}) \leqslant \dim H^q(X_y^{(n)},\mathcal{F}_y^{(n)}),\ \text{pour tout } y' \in V.$$

Nous ignorons si on peut trouver un V bon pour tout n, quand même on peut donner un argument sans semi-continuité pour le fait suivant (cf.[5]): si $H^q(X_y^{(n)},\mathcal{F}_y^{(n)}) = 0$ pour $n \gg 0$, alors $H^q(X_y,\mathcal{F}_y) = 0$ (dont la démonstration dans le cas complexe utilise la semi-continuité).

On peut démontrer également une variante du théorème de comparaison de Grauert, mais un énoncé satisfaisant, sous la forme habituelle

$$\varprojlim (R^qf_*\mathcal{F}_y/\mathfrak{m}_y^n R^qf_*\mathcal{F}_y) \simeq \varprojlim H^q(X,\mathcal{F}/\mathfrak{m}_y^n \mathcal{F})$$

nous ne savons pas le prouver que si $R^{q+1}f_*\mathcal{F}$ est un faisceau de Fréchet [5]. L'hypothèse de Fréchet signifie le fait suivant. Pour tout ouvert U de X on peut calculer $H^{\bullet}(U,\mathcal{F})$ en utilisant la cohomologie de Čech, en travaillant avec de petits ouverts de la forme $D\times V$, D ouvert d'un espace numérique et V ouvert de la base. On obtient une topologie de type QFS (quotient de Fréchet-Schwartz) sur chaque $H^q(U,\mathcal{F})$ et la topologie est indépendante du recouvrement. Maintenant si V est un ouvert de Y, sur $\Gamma(V,R^qf_*\mathcal{F}) \simeq H^q(f^{-1}(V),\mathcal{F})$ on déduit une topologie QFS. On obtient sur chaque $R^qf_*\mathcal{F}$ une structure de faisceau topologique de type QFS.

Localement sur Y il existe des complexes (bornés à droite, ou même bornés) $\mathcal{L}^{\bullet}$ de $\mathcal{E}_Y$-modules libres de type fini tels que $\mathcal{H}^{\bullet}(\mathcal{L}^{\bullet}) \simeq$ $\simeq R^{\bullet}f_*\mathcal{F}$.

Pour tout ouvert V on a

$$\Gamma(V,R^qf_*\mathcal{F}) \simeq H^\bullet(\mathcal{L}^{q-1}(V) \longrightarrow \mathcal{L}^q(V) \longrightarrow \mathcal{L}^{q+1}(V)),$$

donc on peut donner une autre topologie sur $\Gamma(V,R^qf_*\mathcal{F})$, induite par la topologie de Fréchet du $\mathcal{E}$. On peut montrer que cette topologie coïncide à celle obtenue par Čech (on peut par exemple raisoner comme il suit: on démontre en utilisant le théorème de l'application ouverte de Banach que la topologie est indépendante de $\mathcal{L}^\bullet$, ensuite on utilise un $\mathcal{L}^\bullet$ et un complexe de Čech comme dans le travail de Forster-Knorr et on remarque enfin qu'on a une fléche continue entre les deux complexes....).

<u>Question</u>. Nous ignorons si les faisceaux $R^qf_*\mathcal{F}$ sont de Fréchet (i.e. si les espaces $H^q(f^{-1}(V),\mathcal{F})$ sont séparés ou, équivalent, si pour les complexes $\mathcal{L}^\bullet$ qui donnent localement $R^\bullet f_*\mathcal{F}$ les différentielles $\mathcal{L}^{q-1}(V) \longrightarrow \mathcal{L}^q(V)$ sont à image fermée).

Faisons la remarque que si $R^qf_*\mathcal{F}$ est localement libre, alors il est de Fréchet. Comme la question est locale (on plonge injectivement et continuement....), on peut supposer qu'il existe $\mathcal{L}^\bullet$ qui donne $R^\bullet f_*\mathcal{F}$ et soit $\mathcal{H}^q(\mathcal{L}^\bullet) \simeq \mathcal{E}^p$. Montrons que $B^q(Y) =$
$= \mathrm{Im}\,(\mathcal{L}^{q-1}(Y) \longrightarrow \mathcal{L}^q(Y))$ est fermé. Soient $s_1,\ldots,s_p \in Z^q(Y)$ tels que les classes dans $Z^q(Y)/B^q(Y) \simeq \Gamma(Y,\mathcal{H}^q(\mathcal{L}^\bullet))$ donnent une base ($Z^q =$ = les cycles...).

L'application $\theta : \mathcal{L}^{q-1}(Y) \oplus \mathcal{E}^p(Y) \longrightarrow Z^q(Y)$ donnée par la différentielle et par $s_1,\ldots,s_p$ est continue ($Z^q(Y)$ est $\mathcal{E}(Y)$-module topologique) et surjective. Donc elle est stricte. Comme $B^q(Y)$ et l'image par θ de $0 \oplus \mathcal{E}^p(Y)$ ont l'intersection nulle, on peut élever une suite d'éléments de $B^q(Y)$ qui converge vers un élément de $Z^q(Y)$ dans une suite convergente d'éléments de $\mathcal{L}^{q-1}(Y) \oplus \mathcal{E}^p(Y)$ qui appartient à $\mathcal{L}^{q-1}(Y) \oplus 0$ et on déduit que $B^q(Y)$ est fermé.

<u>Corollaire</u>. Soient $f : X \longrightarrow Y$ une famille C^∞ de variété complexes compactes, $\mathcal{F}$ un faisceau localement libre de rang fini sur X,

y un point de Y et $q \geq 0$ un entier. Supposons de plus que $R^{q+1}f_* \mathcal{F}$ est de Fréchet. Alors il existe un entier n_o tel que

$$\operatorname{Im}(H^q(X_y,\mathcal{F}) \longrightarrow H^q(X_y,\mathcal{F}/m_y\mathcal{F})) = \operatorname{Im}(H^q(X_y^{(n_o)},\mathcal{F}_y^{(n_o)}) \longrightarrow H^q(X_y,\mathcal{F}/m_y\mathcal{F})).$$

L'argument est le même que dans I.1 : on utilise le théorème de comparaison et le fait que pour tout r il existe un entier $n_o = n_o(r)$ tel que

$$\operatorname{Im}(H^q(X,\mathcal{F}_y^{(n+r)}) \longrightarrow H^q(X,\mathcal{F}_y^{(r)})) = \operatorname{Im}(H^q(X,\mathcal{F}_y^{(n_o+r)}) \rightarrow H^q(X,\mathcal{F}_y^{(r)}))$$

(ceci étant conséquence du fait que $\dim H^q(X,\mathcal{F}_y^{(r)}) < \infty$).

II. Le cas de fibrés en droites

1. Soient de nouveau un morphisme propre $f : X \longrightarrow Y$ d'espaces complexes et y un point de Y. L'image inverse définie des applications linéaires $\operatorname{Pic} X_y^{(m)} \longrightarrow \operatorname{Pic} X_y^{(n)}$, $m \geq n$. On obtient en fait un système projectif. On va noter $\operatorname{Pic} f^{-1}(y)$ le groupe de Picard du l'espace annelé $(f^{-1}(y), \mathcal{O}_X|f^{-1}(y))$. On a des isomorphismes

$$\operatorname{Pic} f^{-1}(y) \simeq H^1(f^{-1}(y),\mathcal{O}_X^*) \simeq \varinjlim \operatorname{Pic} U,$$

la limite inductive étant d'après les voisinages de $f^{-1}(y)$ dans X.

L'association $\mathcal{L} \longmapsto \mathcal{L}_y^{(n)}$ définie une application $\operatorname{Pic} f^{-1}(y) \rightarrow$ $\rightarrow \operatorname{Pic} X_y^{(n)}$ et ceux-ci une autre $\operatorname{Pic} f^{-1}(y) \longrightarrow \varprojlim \operatorname{Pic} X_y^{(n)}$.

On muni chaque $\operatorname{Pic} X_y^{(n)}$ avec la topologie discrète et on prenne sur $\varprojlim$ la topologie limite projective.

<u>Théorème</u>. L'application $\operatorname{Pic} f^{-1}(y) \longrightarrow \varprojlim \operatorname{Pic} X_y^{(n)}$ est injective et d'image dense.

On peut interpréter l'énoncé en disant que $\operatorname{Pic} f^{-1}(y)$ est séparé dans la topologie induite et que son complété est isomorphe à $\varprojlim \operatorname{Pic} X_y^{(n)}$, de cette manière l'analogie avec le Vergleichsatz de Grauert est frappante.

Dans la géométrie algébrique un tel théorème a été prouvé par Artin [2], la démonstration est beaucoup plus difficile que dans le cas analytique (la manque de l'exponentielle!).

L'énoncé a été dégagé sous cette forme par Bingener [7] et indépendant par l'auteur, mais en fait il se trouve en substance dans le papier de Kuhlmann ([19], démonstration du Satz 1). L'argument consiste à analyser à la Mittag-Leffler un diagramme donné par les suites exactes $0 \longrightarrow \mathbb{Z} \longrightarrow \mathcal{O}_X \longrightarrow \mathcal{O}_X^* \longrightarrow 0$, $0 \longrightarrow \mathbb{Z} \longrightarrow$ $\longrightarrow \mathcal{O}_{X_y^{(n)}} \longrightarrow \mathcal{O}^*_{X_y^{(n)}} \longrightarrow 0$, en utilisant pour $\mathcal{O}$ des renseignements donnés par le théorème de Grauert (cf.I) et pour Z le fait que $f^{-1}(y)$ est triangulable (on a le soin de factoriser certaines applications par les espaces $H^\bullet(X,\mathbb{Z}) \otimes_{\mathbb{Z}} \mathbb{Q}$ et ceux-ci sont de dimension finie sur Q et on utilise ce fait pour prouver que certaines suites d'images dans $H^\bullet(X,\mathbb{Z}) \otimes_{\mathbb{Z}} \mathbb{Q}$ sont stationnaires).

Voici un autre argument, qui n'utilise pas la cohomologie à valeurs dans $\mathbb{Z}$. D'abord on va écrire une suite exacte remarcable. Soit X un espace complexe et $S \subset X$ un sous-espace donné par un idéal cohérent $\mathcal{J} \subset \mathcal{O}_X$. On a une application linéaire injective $\mathcal{J}|S \longrightarrow \mathcal{O}^*|S$, $\varphi \longrightarrow e^\varphi$ (e^φ est bien définie dans un voisinage des points où φ est nulle). D'autre part on a l'application surjective de passage au quotient $\mathcal{O}^*|S \longrightarrow (\mathcal{O}/\mathcal{J})^*|S$. On obtient une suite exacte

$$0 \longrightarrow \mathcal{J}|S \longrightarrow \mathcal{O}^*|S \longrightarrow \mathcal{O}_S^* \longrightarrow 1,$$

car $\ln(1+\varphi) = \varphi - \frac{\varphi^2}{2} + \ldots$ est dans $\mathcal{J}$ pour un élément φ de $\mathcal{J}$.

Par passage à la cohomologie on obtient la suite exacte

$$\ldots \longrightarrow H^1(S,\mathcal{J}) \longrightarrow \operatorname{Pic}(S,\mathcal{O}_X|S) \longrightarrow \operatorname{Pic} S \longrightarrow H^2(S,\mathcal{J}) \longrightarrow \ldots$$

Prouvons maintenant le théorème. Supposons que $\mathcal{L}_1, \mathcal{L}_2$ sont deux faisceaux invertibles sur un voisinage de $f^{-1}(y)$ tels que $\mathcal{L}_{1,y}^{(n)} \simeq \mathcal{L}_{2,y}^{(n)}$ pour tout $n \geq 0$. Considérons le faisceau $\mathcal{H} = \mathcal{H}om(\mathcal{L}_1, \mathcal{L}_2)$.

Il existe n_0 tel que $\operatorname{Im}(\Gamma(f^{-1}(y),\mathcal{H}) \longrightarrow \Gamma(X_y, \mathcal{H}_y)) =$

$= \mathrm{Im}(\Gamma(X_y^{(n_o)}, \mathcal{H}_y^{(n_o)}) \longrightarrow \Gamma(X_y, \mathcal{H}_y))$. Soit α un isomorphisme $\mathcal{L}_{1,y}^{(n_o)} \simeq \mathcal{L}_{2,y}^{(n_o)}$. On peut donc trouver un morphisme $\beta : \mathcal{L}_1 \longrightarrow \mathcal{L}_2$ (dans un voisinage de $f^{-1}(y)$) tel que α et β ont la même image dans $\mathcal{H}om(\mathcal{L}_{1,y}, \mathcal{L}_{2,y})$. En particulier β mod $\mathfrak{m}_y$ est isomorphisme et il résulte aisément que β est isomorphisme dans un voisinage de $f^{-1}(y)$.

Prouvons la densité. Soit n un entier et $\xi = (\xi_m)_m$ un élément de $\varprojlim \mathrm{Pic}\, X_y^{(m)}$., Il faut trouver $\eta \in \mathrm{Pic}\, f^{-1}(y)$ dont l'image dans $\mathrm{Pic}\, X_y^{(m)}$ soit ξ_m pour $m \leq n$. On a une suite exacte

$$\cdots \longrightarrow \mathrm{Pic}\, f^{-1}(y) \longrightarrow \mathrm{Pic}\, X_y^{(n)} \longrightarrow H^2(f^{-1}(y), \mathfrak{m}_y^{n+1}\mathcal{O}_X) \longrightarrow \cdots$$

Il suffit de montrer que l'image τ^n de ξ^n dans $H^2(f^{-1}(y), \mathfrak{m}_y^{n+1}\mathcal{O}_X) \simeq \simeq R^2 f_*(\mathfrak{m}_y^{n+1}\mathcal{O}_X)_y$ est nulle. D'après le théorème I.1 et le théorème de séparation de Krull il suffit de prouver que l'image de τ^n dans $H^2(f^{-1}(y), \mathfrak{m}_y^{n+1}\mathcal{O}_X / \mathfrak{m}_y^{n+r+1}\mathcal{O}_X)$ est nulle pour tout $r \geq 0$, i.e. qu'elle est dans tout $\mathrm{Im}(H^2(f^{-1}(y), \mathfrak{m}_y^{n+r+1}\mathcal{O}_X) \longrightarrow H^2(f^{-1}(y), \mathfrak{m}_y^{n+1}\mathcal{O}_X))$. Mais ça c'est vrai, parce que $\xi^n = \mathrm{Im}\, \xi^{n+r}$ et que on a le diagramme commutatif

$$\begin{array}{ccc} \mathrm{Pic}\, X_y^{(n+r)} & \longrightarrow & H^2(f^{-1}(y), \mathfrak{m}_y^{n+r+1}\mathcal{O}_X) \\ \downarrow & & \downarrow \\ \mathrm{Pic}\, X_y^{(n)} & \longrightarrow & H^2(f^{-1}(y), \mathfrak{m}_y^{n+1}\mathcal{O}_X) \end{array}$$

<u>Remarque</u>. En fait l'argument pour l'injectivité donné également: si $\mathcal{F}$ et $\mathcal{G}$ sont des fibrés vectoriels holomorphes sur X et si $\mathcal{F}_y^{(n)} \simeq \mathcal{G}_y^{(n)}$ pour $n \gg C$, alors $\mathcal{F} \simeq \mathcal{G}$ dans un voisinage de $f^{-1}(y)$.

Si $\mathcal{F}$ et $\mathcal{G}$ sont des faisceaux cohérents quelconques sur X et $\widehat{\mathcal{F}}_y \simeq \widehat{\mathcal{G}}_y$ ($\wedge$ désigne les complétés formels...), i.e. si $\mathcal{F}_y^{(n)} \simeq \mathcal{G}_y^{(n)}$ par des isomorphismes qui sont compatibles avec les changements $X_y^{(n)} \longrightarrow X_y^{(n+1)}$, alors $\mathcal{F} \simeq \mathcal{G}$ dans un voisinage de $f^{-1}(y)$ (cf. Bingener [8]).

Concernant la densité on peut prouver l'assertion plus precise: il existe n_o tel que

$$\mathrm{Im}(\mathrm{Pic}\ f^{-1}(y) \longrightarrow \mathrm{Pic}\ X_y^{(r)}) = \mathrm{Im}(\mathrm{Pic}\ X_y^{(r+n_o)} \longrightarrow \mathrm{Pic}\ X_y^{(r)}).$$

Il est interessant de savoir si n_o a la même propriété pour les points voisines de y (en supposant f plat et avec des bonnes propriétés topologiques). Enfin notons aussi que $\varprojlim \mathrm{Pic}\ X_y^{(n)}$ s'identifie au groupe de Picard du complété formel

$$\hat{X}_y = (f^{-1}(y), \varprojlim(\mathcal{O}_X/\mathfrak{m}_y^{n+1}\mathcal{O}_X|f^{-1}(y))), \text{ cf. [7]}.$$

2. Avec l'argument que nous l'avons donné et en utilisant [3] on peut obtenir la généralisation suivante

<u>Théorème</u>. Soient $f : X \longrightarrow Y$ un morphisme propre d'espaces complexes dont le but Y est de Stein, Y' un sous-espace de Y donné par un idéal $\mathcal{J}$, $X' = f^{-1}(Y')$ et $X_{Y'}^{(n)} = (X', \mathcal{O}_X/\mathcal{J}^{n+1}\mathcal{O}_X|X')$.

(i) Si deux faisceaux invertibles $\mathcal{L}_1, \mathcal{L}_2$ ont la même image par l'application $\mathrm{Pic}\ (X', \mathcal{O}_X|X') \longrightarrow \varprojlim \mathrm{Pic}\ X_{Y'}^{(n)}$, alors ils sont isomorphes sur tout compact de X'.

(ii) L'application $\mathrm{Pic}(X', \mathcal{O}_X|X') \longrightarrow \varprojlim \mathrm{Pic}\ X_{Y'}^{(n)}$ est dense.

<u>Démonstration</u>. L'assertion (i) résulte du fait suivant (appliqué au faisceau $\mathcal{H}om\ (\mathcal{L}_1, \mathcal{L}_2)$), conséquence des résultats de [3]: pour tout $\mathcal{F} \in \mathrm{Coh}\ X$ et tout ouvert de Stein relativement compact V de Y il existe n_o tel que

$$\mathrm{Im}(\Gamma(f^{-1}(V),\mathcal{F}) \longrightarrow \Gamma(f^{-1}(V),\mathcal{F}/\mathcal{J}\mathcal{F})) = \mathrm{Im}(\Gamma(f^{-1}(V),\mathcal{F}/\mathcal{J}^{n_o}\mathcal{F}) \longrightarrow$$
$$\longrightarrow \Gamma(f^{-1}(V),\mathcal{F}/\mathcal{J}\mathcal{F})).$$

Prouvons (ii). Soit n un entier et $\xi = (\xi_m)_m$ un élément de $\varprojlim \mathrm{Pic}\ X_{Y'}^{(n)}$. Il faut trouver $\eta \in \mathrm{Pic}(X', \mathcal{O}_X|X')$ dont l'image dans $\mathrm{Pic}\ X_{Y'}^{(n)}$ soit ξ_m pour $m \leq n$. Considérons la suite exacte

$$\ldots \longrightarrow \mathrm{Pic}(X', \mathcal{O}_X|X') \longrightarrow \mathrm{Pic}\ X_{Y'}^{(n)} \longrightarrow H^2(X', \mathcal{J}^{n+1}\mathcal{O}_X) \longrightarrow \ldots$$

Il suffit de montrer que l'image τ_n de ξ_n dans $H^2(X', \mathcal{J}^{n+1}\mathcal{O}_X)$ est nulle. En remplacant Y pour un voisinage de Stein de Y', on peut supposer que τ_n est la restriction d'un élément de $H^2(X,\mathcal{J}^{n+1}\mathcal{O}_X)$, notons le aussi par τ_n. On a l'identification $H^2(X, \mathcal{J}^{n+1}\mathcal{O}_X) \simeq$ $\simeq \Gamma(Y,R^2f_*(\mathcal{J}^{n+1}\mathcal{O}_X))$.

Soit $\mathcal{G} = R^2f_*(\mathcal{J}^{n+1}\mathcal{O}_X)$. Tout élément du noyau de l'application $\Gamma(Y,\mathcal{G}) \longrightarrow \Gamma(Y, \varprojlim \mathcal{G}/\mathcal{J}^{n+1}\mathcal{G})$ est nul dans un voisinage de Y' (conséquence directe du théorème de séparation de Krull). D'après [3],

$$\Gamma(Y, \varprojlim \mathcal{G}/\mathcal{J}^{r+1}\mathcal{G}) \simeq \varprojlim \Gamma(Y,R^2f_*(\mathcal{J}^{n+1}\mathcal{O}_X/\mathcal{J}^{n+r+1}\mathcal{O}_X)).$$

On va donc finir la démonstration si on montre que l'image de τ_n dans chaque $\Gamma(Y,R^2f_*(\mathcal{J}^{n+1}\mathcal{O}_X/\mathcal{J}^{n+r+1}\mathcal{O}_X))$ $(\simeq \Gamma(Y',\ldots))$ est nulle, i.e. que ceci appartient à $\mathrm{Im}(\Gamma(Y',R^2f_*(\mathcal{J}^{n+r+1}\mathcal{O}_X)) \longrightarrow$ $\longrightarrow \Gamma(Y', R^2f_*(\mathcal{J}^{n+1}\mathcal{O}_X)))$. Mais ça résulte, parce que $\xi_n = \mathrm{Im}\ \xi_{n+r}$ et que on a le diagramme commutatif

$$\begin{array}{ccccc}
\mathrm{Pic}\ X_{Y'}^{(n+r)} & \longrightarrow & H^2(X',\mathcal{J}^{n+r+1}\mathcal{O}_X) & \longrightarrow & \Gamma(Y',\ldots) \\
\downarrow & & \downarrow & & \downarrow \\
\mathrm{Pic}\ X_{Y'}^{(n)} & \longrightarrow & H^2(X', \mathcal{J}^{n+1}\mathcal{O}_X) & \longrightarrow & \Gamma(Y',\ldots).
\end{array}$$

3. __Théorème__. Soit $f : X \longrightarrow Y$ un morphisme propre d'espaces complexes, $\mathcal{L}$ un faisceau inversible sur X et y un point de Y. Alors on a l'équivalence

(1) $\mathcal{L}$ est ample relativement à f dans un voisinage de y.

(2) $\mathcal{L}_y^{(n)}$ est ample pour tout n.

(3) $\mathcal{L}/\mathfrak{m}_y\mathcal{L}$ est ample.

Ce résultat est du à Grothendieck dans le cas algébrique [15].

Un argument dans le cas analytique se trouve dans ([19], démonstration du Satz 1). Disons simplement que seule l'implication $(3) \Longrightarrow (1)$ est difficile, mais l'argument donné par Grothendieck peut s'adapter aisément. Pour la convenance du lecteur, esquissons-le (cf. aussi [7]). Il suffit (cf. par exemple [4], démonstration du théorème 4.4.1) de montrer que pour tout $\mathcal{F} \in \mathrm{Coh}\ X, R^qf_*(\mathcal{F}\otimes\mathcal{L}^n)_y = 0$ pour $q \geqslant 1$ et $n \gg 0$.

Par le théorème de comparaison de Grauert, il suffit de prouver que $H^q(X,\mathcal{F}/\mathfrak{m}^r\mathcal{F}\otimes\mathcal{L}^n) = 0$ pour tout $q\geq 1$, $r\geq 0$ et n assez grand (mais indépendant de r), donc que

(*) $H^q(X_y,(\mathfrak{m}^r\mathcal{F}/\mathfrak{m}^{r+1}\mathcal{F})\otimes(\mathcal{L}/\mathfrak{m}_y\mathcal{L})^n) = 0$ pour $q\geq 1$, $r\geq 0$ et $n\gg 0$.

La restriction de l'algèbre graduée $\bigoplus(\mathfrak{m}^r\mathcal{O}_X/\mathfrak{m}^{r+1}\mathcal{O}_X)$ sur la variété projective $X_y = (f^{-1}(y),\mathcal{O}_X/\mathfrak{m}_y\mathcal{O}_X \mid f^{-1}(y))$ est cohérente et globalement de type fini et la restriction de $\bigoplus(\mathfrak{m}^r\mathcal{F}/\mathfrak{m}^{r+1}\mathcal{F})$ est un module cohérent et graduée sur ceci, cf. par exemple [3]. Maintenant (*) résulte par GAGA d'un résultat analogue de géométrie algébrique ([15], Ch.III, th.2.4.1). Comme on voit, la clè de la démonstration est un théorème d'annulation homogène de la cohomologie vers ∞ ; on va prouver dans la section suivante le résultat général de ce type (dont une conséquence serait exactement une généralisation du résultat précédent de Kuhlmann). On a aussi le résultat suivant

Proposition. Soient $f : X \longrightarrow Y$ un morphisme propre d'espaces complexes, y un point de Y et $\mathcal{L}$ un faisceau invertible sur X tel que $\mathcal{L}_y^{(n)}$ soit très simple pour tout n. Alors $\mathcal{L}$ est très ample au dessus d'un voisinage de y.

Démonstration. On va montrer que l'application $f^*f_*\mathcal{F}\longrightarrow\mathcal{F}$ est surjective dans les points de $f^{-1}(y)$. Ensuite le raisonement est standard: il va résulter la même condition dans un ouvert $f^{-1}(V)$ (V voisinage de y), donc le morphisme $f^{-1}(V)\longrightarrow \mathbb{P}(f_*\mathcal{F}/V)$ est bien défini, mod $\mathfrak{m}_y$ il est une immersion fermée et la conclusion en résulte (cf. par exemple [4], prop.4.4.3). Soit donc $x\in f^{-1}(y)$. Il suffit de trouver une section $s\in\Gamma(f^{-1}(y),\mathcal{L}) = f_*(\mathcal{L})_y$ telle que $s(x)\neq 0$ (i.e. $s_x\notin\mathfrak{m}_x\mathcal{L}_x$). Soit n_o avec la propriété

$$\mathrm{Im}(\Gamma(f^{-1}(y),\mathcal{L})\longrightarrow\Gamma(X_y,\mathcal{L}_y)) = \mathrm{Im}(\Gamma(X_y^{(n_o)},\mathcal{L}_y^{(n_o)})\longrightarrow\Gamma(X_y,\mathcal{L}_y)).$$

Il existe $t\in\Gamma(X_y^{(n_o)},\mathcal{L}_y^{(n_o)})$ avec la propriété $t(x)\neq 0$. On peut trouver $s \in \Gamma(f^{-1}(y),\mathcal{L})$ dont l'image dans $\Gamma(X_y,\mathcal{L}_y)$ est la même que l'image de t et ceci est la section cherchée.

Remarque. Par des arguments semblables, ou en les déduisant directement de résultats ci-dessus, on a:

"Si $f : X \longrightarrow Y$ est un morphisme propre d'espaces complexes, Y' un sous-espace fermé de Y, $X = f^{-1}(Y')$ et $\mathcal{L}$ un faisceau inversible sur X, alors $\mathcal{L}$ est ample (résp. très ample) si et seulement si $\mathcal{L}^{(o)}_{Y'}$ (resp. $\mathcal{L}^{(n)}_{Y'}$ pour tout n) est ample (résp. très ample)".

4. Théorème. Soient $f : X \longrightarrow Y$ un morphisme propre d'espaces complexes, $T_1,\ldots,T_N$ des indéterminées et $\mathcal{M}$ un $\mathcal{O}_X[T_1,\ldots,T_N]$ -module cohérent et gradué. Alors

(1) $R^q f_*(\mathcal{M})$ est $\mathcal{O}_Y[T_1,\ldots,T_N]$-cohérent pour tout q;

(2) si f este projectif et $\mathcal{L}$ est ample relativement à f, alors, localement sur Y, $R^q f_*(\mathcal{M}\otimes\mathcal{L}^n) = 0$ pour $n \gg 0$, $q \geqslant 1$; de même, localement, les morphismes $f^*f_*(\mathcal{M}\otimes\mathcal{L}^n) \longrightarrow \mathcal{M}\otimes\mathcal{L}^n$ sont surjectives pour $n \gg 0$.

Les énoncés sont similaires aux énoncés de géométrie algébrique ([15], ch.III, th.2.4.1 et proposition 3.3.1; le passage aux algèbres graduées est facile), mais les démonstrations dans le cas analytique sont plus difficilles. Une démonstration pour (1) a été donné dans [3] et ce résultat a permis de prouver dans le cas analytique le théorème de comparaison de Grothendieck ([15], Ch.III, th.4.1.5). Une démonstration plus courte est donnée dans ([4], Ch.6, fin du § 3), en utilisant les théorèmes de Grauert-Remmert pour les morphismes projectifs [13]. Montrons ici comment on peut prouver (2), en utilisant de même le théorème de Grauert-Remmert. Notons par $p : X\times\mathbb{P}^{N-1} \longrightarrow X$ la projection. On va noter par $\widetilde{\mathcal{M}}$ le faiseau sur $X\times\mathbb{P}^{N-1}$ obtenu du préfaisceau

$$U\times D \longrightarrow \left\{ \frac{s}{Q} \in \Gamma(U,\mathcal{M})_{S(D)} \;\middle|\; s, Q \text{ homogènes de même degré} \right\},$$

U étant ouvert de X, D ouvert de $\mathbb{P}^{N-1}$ et S(D) le système multiplicatif des éléments de $\bigcup_k \mathcal{O}_{\mathbb{P}^{N-1}}$ (k)(D) sans zéros (gradué par k). $\widetilde{\mathcal{M}}$ est un faiseau analytique cohérent sur $X \times \mathbb{P}^{N-1}$.

Si maintenant $\mathcal{E}$ est un faiseau cohérent sur $X \times \mathbb{P}^{N-1}$, on va noter $\Gamma(\mathcal{E}) = \bigoplus_{k=o}^{\infty} p_*(\mathcal{E}(k))$. Ceci a une structure naturelle de $\mathcal{O}_X[T_1,\dots,T_N]$-module gradué, et on démontre qu'il est cohérent.

De même on démontre qu'on a un morphisme gradué canonique $\mathcal{M} \longrightarrow \Gamma(\widetilde{\mathcal{M}})$ qui est isomorphisme dans les degrés assez grands (on peut trouver des démonstrations dans le cas analytique dans [4], Ch. 6, § 3).

Prouvons la première assertion de (2) par induction sur q. Si q est assez grand, $R^q f_* = 0$ (localement sur Y). Supposons prouvé le résultat pour q+1 et prouvons le pour q. Comme le noyau et le conoyau du $\mathcal{M} \longrightarrow \Gamma(\widetilde{\mathcal{M}})$ résultent $\mathcal{O}_X$-cohérents, le résultat est vrai pour ceux-ci, cf. le théorème de Grauert-Remmert. Il suffit donc de le prouver pour $\Gamma(\widetilde{\mathcal{M}})$, donc pour un $\mathcal{O}_X[T_1,\dots,T_N]$-module de la forme $\Gamma(\mathcal{E})$. Soit L un compact de Stein de Y.

D'après [13], il existe un k_o tel que le morphisme $p^*p_*(\mathcal{E}(k_o)) \longrightarrow \mathcal{E}(k_o)$ soit epimorphisme dans un voisinage de $p^{-1}f^{-1}(L)$. Comme $\mathcal{L}$ est ample au-dessus de Y et L est de Stein, il existe en appliquant de nouveau [13] un epimorphisme $\mathcal{T} \longrightarrow p_*(\mathcal{E}(k_o))$ dans un voisinage de $f^{-1}(L)$, où $\mathcal{T}$ est une somme finie de modules isomorphes à une puissance $\mathcal{L}^{q_o}$ $(q_o < 0)$. Par conséquence on obtient dans un voisinage de $p^{-1}f^{-1}(L)$ un epimorphisme $p^*\mathcal{T} \longrightarrow \mathcal{E}(k_o) \longrightarrow 0$, donc un epimorphisme $(p^*\mathcal{T})(-k_o) \longrightarrow \mathcal{E} \longrightarrow 0$. Notons $\mathcal{S} = p^*(\mathcal{T})(-k_o)$ et $\theta : \mathcal{S} \longrightarrow \mathcal{E}$ le morphisme. Par Γ on obtient un morphisme gradué et de [13] on déduit que les composantes $\Gamma(\theta)_r$ sont des epimorphismes dans un voisinage de $f^{-1}(L)$ pour $r \gg 0$. Donc $\mathcal{C} = \operatorname{Coker} \Gamma(\theta)$ est cohérent sur $\mathcal{O}_X$, donc $R^q f_*(\mathcal{C} \otimes \mathcal{L}^n) \mid L = 0$ pour $n \gg 0$. Par conséquence il faut prover le résultat pour $I = \operatorname{Im} \Gamma(\theta)$. On a les suites exactes $(K = \operatorname{Ker} \Gamma(\theta))$

$$R^q f_*(\Gamma(\mathcal{S})\otimes\mathcal{L}^n) \longrightarrow R^q f_*\,(I\otimes\mathcal{L}^n) \longrightarrow R^{q+1} f_*\,(K\otimes\mathcal{L}^n).$$

On a $\Gamma(\mathcal{S}) \simeq (\Gamma(p^*(\mathcal{T})))[-k_o]$, où $[-k_o]$ signifie qu'on a décalé le degré dans le module gradué.... En appliquant l'hypothèse d'induction on voit qu'il suffit de prover ce qu'on cherche pour $\Gamma(p^*(\mathcal{T}))$, donc pour $\Gamma(p^*(\mathcal{L}^{q_o}))$. Mais on peut obtenir aisement des identifications $\Gamma(p^*(\mathcal{L}^{q_o})) \simeq \mathcal{O}_X[T_1,\ldots,T_N]\otimes\mathcal{L}^{q_o}$ et on conclut, parce que les composantes homogènes sont des sommes finies de $\mathcal{L}^{q_o}$. Quand à la deuxième assertion de (2), elle résulte par l'argument théorème B $\Longrightarrow$ théorème A.

L'assertion (1) est utile pour étudier les morphismes propres d'espaces complexes formels ([8], Satz 3.1).

L'assertion (2) peut être utile pour étudier les morphismes projectifs entre tels espaces. Bornons-nous à prover le résultat suivant, qui en fait est une généralisation du théorème de la section précédente.

__Corollaire__. Soient $f : X \longrightarrow Y$ un morphisme propre d'espaces complexes formels, $\mathcal{J}\subset\mathcal{O}_Y$ un idéal de définition pour f, $\mathcal{L}$ un faisceau inversible sur X et $\mathcal{F}\in$ Coh X. Supposons que $\mathcal{L}/\mathcal{J}\mathcal{L}$ (qui est un faisceau inversible sur l'espace complexe donné par $\mathcal{J}\mathcal{O}_X$) est ample relativement au morphisme $(X,\mathcal{O}_X/\mathcal{J}\mathcal{O}_X) \longrightarrow (Y,\mathcal{O}_Y/\mathcal{J})$. Alors, localement sur Y, $R^q f_*(\mathcal{F}\otimes\mathcal{L}^n) = 0$ pour $n \gg 0$ et $q\geqslant 1$.

__Démonstration__. Notons $\mathcal{F}\otimes\mathcal{L}^n = \mathcal{F}(n)$. D'après [8],

$$R^q f_*(\mathcal{F}(n)) \simeq \varprojlim_k R^q f_*\,(\mathcal{F}(n)/\mathcal{J}^k\mathcal{F}(n)).$$

Il suffit donc de trouver pour tout compact de Stein L de Y un entier n_o tel que $R^q f_*(\mathcal{F}(n)/\mathcal{J}^k\mathcal{F}(n))\,|\,L = 0$ pour $q\geqslant 1$, $k\geqslant 1$ et $n\geqslant n_o$.

Par additivité il suffit de prouver que $R^q f_*(\mathcal{J}^k\mathcal{F}(n)/\mathcal{J}^{k+1}\mathcal{F}(n))|_L =$ $= 0$ pour $q\geqslant 1$, $k\geqslant 1$ et $n \gg 0$. On a $\mathcal{J}^k\mathcal{F}(n)/\mathcal{J}^{k+1}\mathcal{F}(n) \simeq$ $\simeq (\mathcal{J}^k\mathcal{F}/\mathcal{J}^{k+1}\mathcal{F})\otimes_{\mathcal{O}_X/\mathcal{J}\mathcal{O}_X}(\mathcal{L}/\mathcal{J}\mathcal{L})^n.$

Si $t_1,\ldots,t_N$ sont des sections qui engendrent $\mathcal{J}$ sur L, alors il résulte que $\oplus(\mathcal{J}^k\mathcal{F}/\mathcal{J}^{k+1}\mathcal{F})$ a une structure naturelle de $\mathcal{O}_X[T_1,\ldots,T_N]$-module cohérent et gradué. On conclut en appliquant le théorème pour le morphisme d'espaces complexes $(X,\mathcal{O}_X/\mathcal{J}\mathcal{O}_X) \longrightarrow$ $\longrightarrow (Y,\mathcal{O}_Y/\mathcal{J})$.

Question. J'ignore si dans le théorème on peut supposer que $\mathcal{M}$ est seulement cohérent sur $\mathcal{O}_X[T_1,\ldots,T_N]$ (c'est vrai dans la géométrie algèbrique [15]). En particulier je ne sais pas répondre à la question:

"Soient $(X,\mathcal{O}_X)$ un espace complexe compact, $T_1,\ldots,T_N$ des indéterminées, $\mathcal{M}$ un $\mathcal{O}_X[T_1,\ldots,T_N]$-modul cohérent. Sont-ils $H^q(X,\mathcal{M})$ des modules de type fini sur $C[T_1,\ldots,T_N]$? "

III. Propriétés géométriques des fibres

Théorème. Soit $f : X \longrightarrow Y$ un morphisme propre d'espaces complexes et y un point de Y. Supposons que toutes les fibres infinitésimelles $X_y^{(n)}$ sont projectives. Alors f est projectif au dessus d'un voisinage de y.

C'est le résultat principal prouvé par Kuhlmann dans [19] et l'on peut obtenir aisément des résultats précédents. En effet, il existe n_o tel que

$$\mathrm{Im}(\mathrm{Pic}\ f^{-1}(y) \longrightarrow \mathrm{Pic}\ X_y^{(o)}) = \mathrm{Im}(\mathrm{Pic}\ X_y^{(n_o)} \longrightarrow \mathrm{Pic}\ X_y^{(o)}).$$

Soit $\mathcal{T}$ un faisceau ample sur $X_y^{(n_o)}$. Il existe un faisceau invertible $\mathcal{L}$ défini dans un voisinage de $f^{-1}(y)$ dont l'image dans Pic $X_y^{(o)}$ coïncide à l'image de $\mathcal{T}$. On conclut par le théorème II.3. Donnons une conséquence du théorème.

Proposition. Tout espace complexe X strictement pseudoconvexe, de dimension 2 et de dimension Zariski bornée, sans composantes irréductibles compacts, peut être plongé dans un produit $\mathbb{C}^n \times \mathbb{P}^m$.

Démonstration. Soit $f : X \longrightarrow Y$ la réduction de Remmert et A l'ensemble exceptionel de X. Pour tout $y \in f(A) = B$, $f^{-1}(y)$ est de dimension $\leqslant 1$, donc $X_y^{(n)}$ sont projectives pour tout n. D'après le théorème, on peut trouver un faisceau invertible $\mathcal{L}$ sur un voisinage de $f^{-1}(y)$ qui est ample relativement à f. Comme B est fini, on peut ainsi trouver un voisinage V de B et $\mathcal{L} \in \operatorname{Pic} f^{-1}(V)$, ample au dessus de V. De plus, on peut supposer que V est de Stein et que $H^q(V,Z) = 0$, $q \geqslant 1$. Prouvons que, quitte à remplacer $\mathcal{L}$ par une puissance, on peut le prolonger à X.

On a le diagramme commutatif et exact

$$\begin{array}{ccccccc}
H^1(Y\setminus B,\mathcal{O}) & \longrightarrow & H^1(Y\setminus B,\mathcal{O}^*) & \longrightarrow & H^2(Y\setminus B,\mathbf{Z}) & \longrightarrow & H^2(Y\setminus B,\mathcal{O}) \\
\downarrow \varepsilon_1 & & \downarrow \varepsilon_2 & & \downarrow \varepsilon_3 & & \downarrow \varepsilon_4 \\
H^1(V\setminus B,\mathcal{O}) & \longrightarrow & H^1(V\setminus B,\mathcal{O}^*) & \longrightarrow & H^2(V\setminus B,\mathbf{Z}) & \longrightarrow & H^2(V\setminus B,\mathcal{O})
\end{array}$$

Les morphismes ε_1 et ε_4 sont des isomorphismes par le théorème B de Cartan et en utilisant les suites exactes de la cohomologie relative de B dans V et dans Y .

D'autre part on a le diagramme commutatif et exact

$$\begin{array}{ccccccc}
H^2(Y,\mathbf{Z}) & \longrightarrow & H^2(Y\setminus B,\mathbf{Z}) & \longrightarrow & H^3_B(Y,\mathbf{Z}) & \longrightarrow & H^3(Y,\mathbf{Z}) \\
\downarrow & & \downarrow & & \downarrow & & \downarrow \\
H^2(V,\mathbf{Z}) & \longrightarrow & H^2(V\setminus B,\mathbf{Z}) & \longrightarrow & H^3_B(V,\mathbf{Z}) & \longrightarrow & H^3(V,\mathbf{Z}).
\end{array}$$

Comme $H^2(V,\mathbf{Z}) = H^3(V,\mathbf{Z}) = 0$ et $H^3(Y,\mathbf{Z})$ est à torsion (cf.[21], Y étant espace de Stein de dimension 2), il résulte que $\operatorname{Coker} \varepsilon_3$ est à torsion.

On considère maintenant la restriction de $\mathcal{L}$ à $f^{-1}(V)\setminus A$. Comme $f^{-1}(V)\setminus A \simeq V\setminus B$, l'image de cette restriction par f donne un élément ξ dans $H^1(V\setminus B,\mathcal{O}^*)$. Du diagramme $(\varepsilon_1,\varepsilon_2,\varepsilon_3,\varepsilon_4)$ on déduit qu'une puissance de ξ se prolonge à $Y\setminus B$. On obtient un faisceau inversible sur $Y\setminus B \simeq X\setminus A$ et en utilisant ceci on peut prolonger à X une puissance de $\mathcal{L}$. On peut donc supposer que le faisceau $\mathcal{L}$ donné par le théorème de Kuhlmann est défini sur X. L'application $X \longrightarrow \mathbb{P}(f_*(\mathcal{L}))$ est bien définie, en plus elle résulte immersion fermée. Y est un espace de Stein de dimension Zariski bornée, donc on peut trouver un plongement $Y \longrightarrow \mathbb{C}^n$. D'autre part, il existe un nombre fini de sections globales qui engendrent $f_*(\mathcal{L})$ (par induction sur dim Y...), donc on peut plonger $\mathbb{P}(f_*(\mathcal{L}))$ dans un espace projectif $\mathbb{P}^m$. L'application $X \longrightarrow \mathbb{C}^n \times \mathbb{P}^m$ donnée par $X \xrightarrow{f} Y \longrightarrow \mathbb{C}^n$, $X \longrightarrow \mathbb{P}(f_*(\mathcal{L})) \longrightarrow \mathbb{P}^m$ est un plongement.

Dans [1] et [10] il est établi le résultat suivant:

"Soit X un espace complexe strictement pseudoconvexe. Alors on a l'équivalence

(i) X admet un fibre en droites positif;

(ii) X peut se plonger dans un produit $\mathbb{C}^n \times \mathbb{P}^m$;

(iii) X est projectivement séparable".

Il est naturel de demander quelle est la liaison entre ceci et la propriété de l'ensemble exceptionel A d'être projectif (ou infinitésimel projectif, i.e. les espaces $(A, \mathcal{O}_X/\mathcal{J}^n/A)$ sont projectifs, $\mathcal{J}$ étant l'idéal défini par A), cf. également [25], question 5. Notons enfin la généralisation suivante du théorème.

<u>Théorème</u>. Soit $f : X \longrightarrow Y$ un morphisme propre d'espaces complexes dont le but Y est de Stein et soit Y' un sous-espace de Y. Supposons que les morphismes $X_{Y'}^{(n)} \longrightarrow Y_{Y'}^{(n)}$ sont projectifs pour tout n. Alors f est projectif au dessus de tout compact de Y'.

La démonstration est la même, seulement il faut noter que pour l'existence d'un n_o on doit utiliser la suite exacte de l'exponentielle et analyser la situation comme dans Kuhlmann [19] (cette fois, pour les renseignements sur $\mathcal{O}_X$ on doit utiliser essentielement [3]).

J'ignore si on peut conclure que f est projectif au dessus

d'un voisinage de Y'. De même, j'ignore la réponse à la question:

"Soit $f : X \longrightarrow Y$ une famille $\mathbb{C}^{\infty}$ de variétés complexes compactes et $y \in Y$. Supposons que $X_y^{(n)}$ (qui est un espace complexe) est projectif pour tout n. Est-ce qu'on peut factoriser f, en remplacant Y par un voisinage de y, par un plongement $X \longrightarrow Y \times \mathbb{P}^N$? ".

La question est liée, via les arguments donnés ici, de la séparation des faisceaux $Rf_*^{\bullet}\mathcal{O}_X$ (cf. I.4).

Bibliographie

[1] Andreotti A., Bănică C., Twisted sheaves on complex spaces (va apparaître).

[2] Artin M., Algebraic aproximation of structures over complete local rings. Publ. I.H.E.S. Paris.

[3] Bănică C., Le complété formel d'un espace analytique le long d'un sous-espace: un théorème de comparaison, Manuscripta math., 6, 207-244, 1972.

[4] Bănică C., Stănăşilă O., Méthodes algébriques dans la théorie globale des espaces complexes, Bucarest 1974 et Gauthier-Villars, Paris, 1977.

[5] Bănică C., Brînzănescu V., Hilbert-Samuel polynomials of a proper morphism, Math.Z., 158, 107-124, 1978.

[6] Bănică C., Brînzănescu V., Hilbert-Samuel polynomials of a complex of modules, Comm. in Algebra, 5(7), 733-742, 1977.

[7] Bingener J., Habilitationsschrift, Osnabrück, 1976.

[8] Bingener J., Uber formale komplexe Räume, Manuscripta math., 1978 24, 253-293.

[9] Cartan H., Séminaire E.N.S., 1960/61.

[10] Eto S., Kazama H., Watanabe K., On strongly q-pseudo-convex spaces with positive vector bundles, Memoirs of the Fac.Sc. Kyushu University, Ser. A. Vol.28, no. 2, 1974.

[11] Forster O., Knorr K., Ein Beweis des Grauertschen Bildgarbensatzes nach Ideen von B.Malgrange, Manuscripta math., 5, 19-33, 1971.

[12] Grauert H., Ein Theorem der analytischen Garbentheorie und die Modulräume komplexer Strukturen, Publ. IHES, No.5, 1960.

[13] Grauert H., Remmert R., Bilder und Urbilder analytischer Garben, Ann. of Math., 68, 393-443, 1958.

[14] Griffiths P., The extension problem for compact submanifolds of complex manifolds. Proc. Conf. Complex Analysis Mineapolis, 1964.

[15] Grothendieck A., Dieudonné J., Eléments de géometrie algébrique, IHES, Paris.

[16] Kiehl R., Verdier J.L., Ein einfacher Beweis des Kohärenzsatzes von Grauert, Math. Ann., 195, 24-50, 1971.

[17] Knorr K., Der Grauertsche Projektionssatz, Invent.Math., 12, 118-172, 1971.

[18] Kodaira K., Spencer D.C., On deformations of complex analytic structures, I, II, Ann.of Math.,67,328-466, 1958 and III, Ann. of Math., 71, 43-76, 1960.

[19] Kuhlmann N., Uber holomorphe Abbildungen mit projektiven Fasern, Math. Z., 135, 43-54, 1973.

[20] Lejeune-Jalabert M., Teissier B., Quelques calcules utiles pour la résolution des singularités, Séminaire, L'Ecole Polytechnique, Paris, 1971.

[21] Narasimhan R., On the homology groups of Stein spaces, Inv.Math., 2, 377-385, 1967.

[22] Rhodes C.P.L., The Hilbert-Samuel polynomials in a filtered module, J. London Math. Soc. (2), 3, 73-85, 1971.

[23] Schneider M., Halbstetigkeitssätze für relativ analytische Räume, Inv. Math., 16, 161-176, 1972.

[24] Serre J.P., Algèbre locale. Multiplicités. Lecture Notes 11, 1965.

[25] Vo-Van-Tan, La classification des espaces 1-convexes, Séminaire Lelong 1975/76, Lecture Notes 578.

[26] Wawrick J., Deforming cohomology classes, Trans. A.M.S., 181, 341-350, 1973.

CYCLES ET CONE TANGENT DE ZARISKI

par

Alain Hénaut

§ 0. - Introduction

Dans le § 1 on démontre la platitude de la déformation d'un germe d'espace analytique complexe vers son cône tangent de Zariski, et l'on en déduit le corollaire suivant : un germe d'espace analytique complexe est de Cohen-Macaulay si son cône tangent de Zariski l'est. Dans le § 2 on introduit le cadre naturel dans lequel se fera l'étude du paragraphe suivant en définissant par une série d'équivalence la notion de revêtement ramifié transverse à l'origine. Dans le § 3 on définit grâce au morphisme Douady-Barlet de [B, chap. V] et au résultat du § 1 , le cycle tangent de Zariski à un germe de cycle. De plus, une méthode est donnée pour obtenir des équations explicites du cône tangent de Zariski à un germe d'ensemble analytique complexe. Enfin dans un appendice, on précise la nature du cycle sous-jacent à un espace analytique complexe et l'on compare la multiplicité algébrique d'un idéal de $\mathbb{C}\{y_1, y_2, \dots, y_q\}$ à la multiplicité géométrique de son germe de cycle associé.

§ 1. - Platitude de la déformation d'un germe d'espace analytique complexe vers son cône tangent de Zariski

Soit I un idéal de l'anneau des séries entières convergentes à n variables $\mathbb{C}\{x\} = \mathbb{C}\{x_1, x_2, \ldots, x_n\}$, on note $in[I]$ l'idéal de $\mathbb{C}\{x\}$ engendré par les formes initiales d'éléments de I. Si f appartient à $\mathbb{C}\{x\}$ on désigne par in(f) sa forme initiale et val(f) sa valuation.

Soit $f = \sum_\alpha a_\alpha x^\alpha \in \mathbb{C}\{x\}$ où $\alpha \in \mathbb{N}^n$, on pose pour $\rho = (\rho_1, \rho_2, \ldots, \rho_n)$

où $\rho_i > 0$; $|f|_\rho = \sum_\alpha |a_\alpha| \rho^\alpha$.

$|\cdot|_\rho$ est une norme sur $\mathbb{C}\{x\}(\rho) = \{f \in \mathbb{C}\{x\} ; |f|_\rho < +\infty\}$.

Lemme 1.

Soient $h_1, h_2, \ldots, h_r$ des éléments de I tels que $in(h_1), in(h_2), \ldots, in(h_r)$ engendrent $in[I]$. Alors il existe $\rho = (\rho_1, \rho_2, \ldots, \rho_n)$, $K > 0$ et $0 < \ell < 1$ tels que : pour tout $f \in \mathbb{C}\{x\}(\rho) \cap I$ il existe $A_1, A_2, \ldots, A_r$ des éléments de $\mathbb{C}\{x\}$ vérifiant :

i) $f = \sum_{i=1}^{r} A_i h_i$ (En particulier les h_i engendrent I).

ii) $in(f) = \sum_{i=1}^{r} in(A_i)\, in(h_i)$ avec $val(A_i) = val(f) - val(h_i)$ pour $1 \leq i \leq r$.

iii) $|A_i|_{\ell\rho} \leq K |f|_\rho$ pour $1 \leq i \leq r$.

Démonstration : Soit $u : \mathbb{C}\{x\}^r \longrightarrow \mathbb{C}\{x\}$ telle que $u(\alpha_i) = \sum_{i=1}^{r} \alpha_i\, in(h_i)$.

Soit $\rho = (\rho_1, \rho_2, \ldots, \rho_n)$ tel que $H = \sum_{i=1}^{r} |h_i|_\rho < +\infty$.

Si $g = (g_1, g_2, \ldots, g_r) \in \mathbb{C}\{x\}^r$ on pose $|g|_\rho = \sum_{i=1}^{r} |g_i|_\rho$. D'après une forme affaiblie du théorème des voisinages privilégiés de [M, th. 1.1, p. 164] il existe, quitte à restreindre ρ, une scission λ de u adaptée à ρ (i.e. une application $\mathbb{C}$-linéaire $\lambda : \mathbb{C}\{x\} \longrightarrow \mathbb{C}\{x\}^r$ vérifiant $u \lambda u = u$ et $C = C(\rho) > 0$ tel que pour tout $\xi \in \mathbb{C}\{x\}$ on ait $|\lambda \xi|_\rho \leq C |\xi|_\rho$). Soit $f = f_0 \in \mathbb{C}\{x\}(\rho) \cap I$, alors $in(f_0) \in \operatorname{Im} u$. Posons $\lambda\, in(f_0) = (\alpha_i^0)$, alors on a

$$in(f_0) = \sum_{i=1}^{r} \alpha_i^0 \, in(h_i)$$ car $u \lambda u = u$ et pour tout $1 \leq i \leq r$

$|\alpha_i^0|_\rho \leq |\lambda \, in(f_0)|_\rho \leq C \, |in(f_0)|_\rho \leq C |f_0|_\rho$. Soit P_i^0 la partie homogène de degré $val(f_0) - val(h_i)$ de α_i^0, alors $in(f_0) = \sum_{i=1}^{r} P_i^0 \, in(h_i)$ et $|P_i^0|_\rho \leq C |f_0|_\rho$. Posons $f_1 = f_0 - \sum_{i=1}^{r} P_i^0 h_i$, alors $f_1 \in \mathbb{C}\{x\}(\rho) \cap I$ car l'on a $|f_1|_\rho \leq (1 + CH) |f_0|_\rho$. En réitérant ce qui précède, on obtient une suite $(f_n) \in \mathbb{C}\{x\}(\rho) \cap I$ telle que $f_{n+1} = f_n - \sum_{i=1}^{r} P_i^n h_i$ où P_i^n est un polynôme homogène éventuellement nul si $n > 0$ ou bien de degré $val(f_n) - val(h_i)$,

$$in(f_n) = \sum_{i=1}^{r} P_i^n \, in(h_i)$$ et $|P_i^n|_\rho \leq C |f_n|_\rho$.

On a $|f_{n+1}|_\rho \leq (1 + CH) |f_n|_\rho \leq (1+CH)^{n+1} |f_0|_\rho$ d'où $|P_i^n|_\rho \leq C(1+CH)^n |f_0|_\rho$.

Pour construction, on a

$$(*) \quad val(f_{n+1}) > val(f_n)$$

or $\mathrm{val}(f_0) > 0$, d'où $\mathrm{val}(f_n) > n$.

Ainsi si $P_i^n \neq 0$ degré $P_i^n = \mathrm{val}(f_n) - \mathrm{val}(h_i) > n - \mathrm{val}(h_i)$. Notons $n_i = \mathrm{val}(h_i)$. Si $x = \ell\, y$, alors on a $P_i^n(x) = \ell^{\text{degré } P_i^n} \cdot P_i^n(y)$ et si $0 < \ell < 1$, on a $\ell^{\text{degré } P_i^n} < \ell^{\text{degré } P_i^n - 1} \leq \ell^{n-n_i}$. Ainsi pour $0 < \ell < 1$, on a $| P_i^n |_{\ell\rho} \leq \ell^{n-n_i} | P_i^n |_\rho$. Soit $\ell > 0$ tel que $\ell(1 + CH) < 1$, alors $| P_i^n |_{\ell\rho} \leq \ell^{n-n_i} C(1 + CH)^n |f|_\rho \leq |f|_\rho \frac{C}{\ell^{n_i}} [\ell(1 + CH)]^n$, ce qui prouve que la série $\sum_{n=0}^{+\infty} P_i^n$ converge uniformément sur le polycylindre $P(\ell\rho) = \{(x_i) \in \mathbb{C}^n ; |x_i| < \ell\rho_i\}$. La série $\sum_{n=0}^{+\infty} f_n - f_{n+1}$ est donc convergente sur $P(\ell\rho)$ et l'on a $f = \sum_{i=1}^{r} \left(\sum_{n=0}^{+\infty} P_i^n \right) h_i$ sur $P(\ell\rho)$. Posons $A_i = \sum_{n=0}^{+\infty} P_i^n$ alors i) est vérifié. D'après ($*$), on a $\mathrm{in}(A_i) = P_i^0$ ce qui montre que ii) est vérifié. Soit $\ell = \frac{1}{2(1 + CH)}$ alors $\ell(1 + CH) < 1$ d'où

$$| A_i |_{\ell\rho} \leq \sum_{n=0}^{+\infty} |f|_\rho \, C 2^{n_i} (1 + CH)^{n_i} \left(\frac{1}{2}\right)^n = |f|_\rho \, C 2^{n_i+1} (1 + CH)^{n_i}.$$

Posons $K = \max_{1 \leq i \leq r} C 2^{n_i+1} (1 + CH)^{n_i}$ alors $| A_i |_{\ell\rho} \leq K |f|_\rho$ ce qui prouve iii).

D'où le résultat.

Théorème 1.

Soit I un idéal de $\mathbb{C}\{x\}$ engendré par $h_1, h_2, \ldots, h_r$ tels que $\mathrm{in}(h_1), \mathrm{in}(h_2), \ldots, \mathrm{in}(h_r)$ engendrent $\mathrm{in}[I]$. Notons $n_i = \mathrm{val}(h_i)$ et soit H l'idéal de $\mathbb{C}\{t, x\}$ engendré par les $\frac{h_i(t\,x)}{n_i}$ où $1 \leq i \leq r$. Alors

$\mathbb{C}\{t,x\}/H$ considéré comme un $\mathbb{C}\{t\}$-module grâce à l'injection canonique $\mathbb{C}\{t\} \longrightarrow \mathbb{C}\{t,x\}$ est plat.

Démonstration : Soit $t\,f(t,x) \in H$, il suffit de montrer que $f(t,x) \in H$. Soient $0 < a < 1$ et f une fonction holomorphe sur $\{|t| < a\} \times \{\|x\| < 3a\}$ représentant le germe $f(t,x)$.

α) Pour $\|x\| < \frac{a^2}{2}$, posons pour tout $n \in \mathbb{Z}$,

$F_n(x) = \frac{1}{2i\pi}\int_{|t|=e} f(t, \frac{x}{t}) \frac{dt}{t^{n+1}}$ où e est choisi de manière que $e < a$ et $\|x\| < 3\,ea$. F_n est holomorphe sur $\{\|x\| < \frac{a^2}{2}\}$ et pour tout $n \in \mathbb{Z}$, on a $|F_n(x)| \leq \frac{M(e,x)}{e^n}$ où $M(e,x) = \sup_{|t|=e} |f(t, \frac{x}{t})|$. Soit $\|x\| < \frac{a^2}{2}$ pour $e = \frac{a}{2}$ (resp. $e = \frac{\|x\|}{2a}$) on obtient :

$$(1) \quad |F_n(x)| \leq M(\frac{a}{2}, x)(\frac{2}{a})^n \quad \text{pour } n \geq 0 .$$

$$(2) \quad |F_{-n}(x)| \leq M(\frac{\|x\|}{2a}, x)(\frac{\|x\|}{2a})^n \quad \text{pour } n > 0.$$

ce qui prouve que la série de Laurent en t de $f(t, \frac{x}{t})$ converge pour $\frac{\|x\|}{2a} < |t| < \frac{a}{2}$. Ainsi pour $\|x\| < \frac{a^2}{2}$, on a $f(t, \frac{x}{t}) = \sum_{n=-\infty}^{+\infty} F_n(x)\, t^n$ dans la couronne $\frac{\|x\|}{2a} < |t| < \frac{a}{2}$.

β) D'après l'hypothèse, on a $t\,f(t,x) = \sum_{i=1}^{r} \lambda_i(t,x) \frac{h_i(tx)}{t^{n_i}}$

où quitte à restreindre a, on peut supposer que les λ_i sont holomorphes sur $\{|t| < a\} \times \{\|x\| < 3a\}$ et les h_i sont holomorphes sur $\{\|x\| < 3a\}$. Soit $|t| = \frac{a}{2}$ et $\|x\| < \frac{a^2}{2}$, alors on a $f(t, \frac{x}{t}) = \sum_{i=1}^{r} \lambda_i(t, \frac{x}{t}) \frac{h_i(x)}{t^{n_i+1}}$, d'où par définition des F_n, $F_n(x) = \sum_{i=1}^{r} h_i(x) \left[\frac{1}{2i\pi}\int_{|t|=\frac{a}{2}} \lambda_i(t, \frac{x}{t}) \frac{dt}{t^{n+2+n_i}}\right]$

ce qui montre que pour tout $n \in \mathbb{Z}$, $F_n \in I$.

De plus, il existe $\rho = (\rho, \rho, \dots, \rho)$ où $\rho < \frac{a^2}{2}$ et des constantes positives M'_1 et M'_2 telles que :

(1)' $|F_n|_\rho \leq M'_1 (\frac{2}{a})^n$ pour $n \geq 0$

(2)' $|F_{-n}|_\rho \leq M'_2 (\frac{a}{4})^n$ pour $n > 0$.

En effet, quitte à restreindre a pour $\|x\| < \frac{a^2}{2}$ on a $F_n(x) = \sum_\alpha a(n)_\alpha x^\alpha$.
Soit $\rho < \delta < \frac{a^2}{2}$, posons $\rho = (\rho, \dots, \rho)$ et $\delta = (\delta, \dots, \delta)$, alors on a

$|a(n)_\alpha| \rho^\alpha \leq \sup_{|x_i| \leq \delta} |F_n(x)| (\frac{\rho}{\delta})^\alpha$. Soient $M_1 = \sup_{|x_i| \leq \delta} M(\frac{a}{2}, x)$ et

$M_2 = \sup_{|x_i| \leq \delta} M(\frac{\|x\|}{2a}, x)$ alors d'après (1) et (2) on a $|a(n)_\alpha| \rho^\alpha \leq M_1 (\frac{2}{a})^n (\frac{\rho}{\delta})^\alpha$

pour $n \geq 0$ et $|a(-n)_\alpha| \rho^\alpha \leq M_2 (\frac{a}{4})^n (\frac{\rho}{\delta})^\alpha$ pour $n > 0$. D'où ce qui précède.

γ) D'après la partie β), quitte à restreindre $\rho = (\rho, \dots, \rho)$ où $\rho < \frac{a^2}{2}$, il existe d'après le lemme précédent et sa démonstration ; $K > 0$, $0 < \ell < 1$ et des A_i^n $(1 \leq i \leq r, n \in \mathbb{Z})$ holomorphes sur $\{\|x\| < \ell\rho\}$ vérifiant :

i) $F_n = \sum_{i=1}^{r} A_i^n h_i$ sur $\{\|x\| < \ell\rho\}$

ii) $\mathrm{in}(F_n) = \sum_{i=1}^{r} \mathrm{in}(A_i^n)\, \mathrm{in}(h_i)$ avec $\mathrm{val}(A_i^n) = \mathrm{val}(F_n) - n_i$

iii) $|A_i^n|_{\ell\rho} \leq K |F_n|_\rho$.

Pour $\|x\| < \ell_p$, on a d'après le iii) ci-dessus $|A_i^n(x)| \leq K\,|F_n|_\rho$, ce qui prouve grâce à (1)' et (2)' que pour $\|x\| < \ell\rho$, $\sum_{n=-\infty}^{+\infty} A_i^n(x)\,t^n$ converge dans la couronne $\frac{a}{4} < |t| < \frac{a}{2}$. Pour $n > 0$, on a d'après le (2), $\mathrm{val}\,(F_{-n}) \geq n$, ce qui prouve grâce au ii) ci-dessus que $\mathrm{val}\,(A_i^{-n}) \geq n - n_i$. Ainsi pour

$\|x\| < \frac{2\ell\rho}{a}$ la série $\sum_{n=-\infty}^{+\infty} A_i^n(t\,x)\,t^{n+n_i}$ qui converge dans la couronne

$\frac{a}{4} < |t| < \frac{a}{2}$ ne présente en fait que des termes holomorphes en t car pour $p > 0$, $\mathrm{val}\,(A_i^{-n_i-p}) \geq n_i + p - n_i = p$. Ceci prouve que $G_i(t,x) = \sum_{n=-\infty}^{+\infty} A_i^n(tx)t^{n+n_i}$

est holomorphe sur $\{|t| < \frac{a}{2}\} \times \{\|x\| < \frac{2\ell\rho}{a}\}$. Sur $\{\frac{a}{4} < |t| < \frac{a}{2}\} \times \{\|x\| < \frac{2\ell\rho}{a}\}$

on a $\displaystyle\sum_{i=1}^{r} G_i(t,x)\,\frac{h_i(t\,x)}{t^{n_i}} = \sum_{i=1}^{r}\left(\sum_{n=-\infty}^{+\infty} A_i^n(t\,x)\,t^{n+n_i}\right)\frac{h_i(t\,x)}{t^{n_i}}$

$= \displaystyle\sum_{n=-\infty}^{+\infty} F_n(t\,x)\,t^n$ d'après le i) ci-dessus

$= f(t,x)$ d'après la partie α) car $\frac{\|t\,x\|}{2\,a} < \frac{a}{4}$, ce qui prouve d'après le principe du prolongement analytique que $f(t,x) = \sum_{i=1}^{r} G_i(t,x)\,\frac{h_i(tx)}{t^{n_i}}$ sur

$\{|t| < \frac{a}{2}\} \times \{\|x\| < \frac{2\ell\rho}{a}\}$. D'où le résultat.

Soit $(X, \mathcal{O}_X)$ un espace analytique complexe de dimension finie. Soit $x \in (X, \mathcal{O}_X)$, notons $\mathfrak{m}_{X,x}$ l'idéal maximal de $\mathcal{O}_{X,x}$ et $\mathrm{gr}\,\mathcal{O}_{X,x} = \bigoplus_{\nu \geq 0} \mathfrak{m}_{X,x}^{\nu}/\mathfrak{m}_{X,x}^{\nu+1}$

la $\mathbb{C}$-algèbre graduée relativement à $\mathfrak{m}_{X,x}$. On désigne par $C_{X,x} = \mathrm{Spec}(\mathrm{gr}\, \mathcal{O}_{X,x})$ le cône tangent de Zariski en x à $(X, \mathcal{O}_X)$.

Corollaire

Si $C_{X,x}$ est de Cohen-Macaulay en x, $(X, \mathcal{O}_X)$ l'est aussi.

Démonstration : Le problème est local en x. Supposons $\dim_x X = q$ et soit I l'idéal de $\mathbb{C}\{u, v\}$ correspondant au germe en x défini par $(X, \mathcal{O}_X)$. On peut supposer que $I = (h_1, h_2, \ldots, h_r)$ et $\mathrm{in}[I] = (\mathrm{in}(h_1), \mathrm{in}(h_2), \ldots, \mathrm{in}(h_r))$. D'après le théorème 1 et le théorème de paramétrisation locale, on a le diagramme commutatif suivant :

$$\begin{array}{ccc} D_\varepsilon \times U \times V \supset Y & \xrightarrow{pr_Y} & D_\varepsilon \\ \downarrow \pi & \nearrow pr_\varepsilon & \\ D_\varepsilon \times U & & \end{array}$$

où U (resp. V) est un polydisque ouvert de centre 0 dans $\mathbb{C}^q$ (resp. $\mathbb{C}^p$), $D_\varepsilon = \{t \in \mathbb{C} \,;\, |t| < \varepsilon\}$, $(Y, \mathcal{O}_Y)$ est le sous-espace analytique fermé de $D_\varepsilon \times U \times V$ défini par les $\dfrac{h_i(tu, tv)}{t^{n_i}}$ où $1 \leq i \leq r$ et $n_i = \mathrm{val}(h_i)$,

pr_ε est la projection donc un morphisme plat, π induit par la projection est un morphisme fini et pr_Y induit par la projection est un morphisme plat en (0, 0, 0).

Soit $t \in D_\varepsilon$, on note $(Y_t, \mathcal{O}_{Y_t})$ la fibre de $(Y, \mathcal{O}_Y)$ au dessus de t et $\pi_t = \pi \mid Y_t$. π_t induit un morphisme d'anneaux $\mathcal{O}_{U,0} = \mathbb{C}\{u\} \longrightarrow \mathcal{O}_{Y_t,(t,0,0)} = O_{Y_t}$ qui fait de O_{Y_t} un $\mathbb{C}\{u\}$-module de type fini.

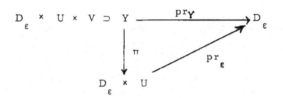

Lemme 2 .

Les conditions suivantes sont équivalentes :

i) O_{Y_t} est un $\mathbb{C}\{u\}$-module plat (i. e. π_t est plat en $(t, 0, 0)$) .

ii) O_{Y_t} est un $\mathbb{C}\{u\}$-module libre .

iii) O_{Y_t} est un anneau de Cohen-Macaulay.

Démonstration : i) $\Leftrightarrow$ ii) par [S. Prop. 20, IV-33]. On sait que $\dim O_{Y_t} = \dim \mathbb{C}\{u\} = q$ par construction, or $\mathbb{C}\{u\}$ est un anneau régulier d'où ii) $\Leftrightarrow$ iii) grâce à [S. Prop. 22, IV-37].

On a le critère de platitude par filtres suivant [cf. E. G. A. (IV), th. 11. 3. 10 p. 138] :

$$pr_{\varepsilon} \text{ est plat en } (t, 0) \text{ et } \pi \text{ est plat en } (t, 0, 0)$$
$$\Leftrightarrow pr_Y \text{ et } \pi_t \text{ sont plats en } (t, 0, 0).$$

D'après l'hypothèse et le lemme ci-dessus, π_0 est plat en $(0, 0, 0)$ car $O_{Y_0} = \mathbb{C}\{u, v\} / \text{in}[I]$. Donc d'après le critère ci-dessus π est plat en $(t, 0, 0)$ pour $|t|$ suffisamment petit, donc également π_t. Ce qui prouve d'après le lemme ci-dessus que pour $|t|$ suffisamment petit, $(Y_t, \mathcal{O}_{Y_t})$ est de Cohen-Macaulay en $(t, 0, 0)$. D'où le résultat, puisque pour $t \neq 0$, l'homothétie de rapport $\frac{1}{t}$ induit localement en x un isomorphisme $(X, \mathcal{O}_X) \xrightarrow{\sim} (Y_t, \mathcal{O}_{Y_t})$.

§ 2. - Revêtement ramifié transverse à l'origine

On utilise les définitions, notations et résultats de [B. Chap. 0].

Soient U un polydisque ouvert de centre 0 dans $\mathbb{C}^n$ et

$X = \sum_{i=1}^{\ell} m_i X_i$ un revêtement ramifié de degré k de U, contenu dans $U \times \mathbb{C}^p$

Si $0 \in X_i$, on désigne par mult $(X_i, 0)$ la multiplicité de X_i en 0 [cf. par exemple W, chap. 7, sect. 7] . On note t (resp. x) les coordonnées sur $\mathbb{C}^n$ (resp. $\mathbb{C}^p$) et

$$P(t,x) = x^k - S_1(t) \, . \, x^{k-1} + \ldots + (-1)^k S_k(t)$$

le polynôme à valeurs dans $S_k(\mathbb{C}^p)$ associé à X ; pour $1 \leq m \leq k$ les $S_m(t)$ sont les fonctions symétriques élémentaires des points de $\mathbb{C}^p$ "au dessus" de t. On désigne par $val_0(S_m)$ la valuation de S_m en 0, $\|t\| = \operatorname{Max}_{1 \leq s \leq n} |t_s|$ et $\|x\| = \operatorname{Max}_{1 \leq j \leq p} |x_j|$.

Proposition 1.

On suppose que $X \cap \{0\} \times \mathbb{C}^p = \{0\}$.

Notons $\text{mult}(X,0) = \sum_{i=1}^{\ell} m_i \, \text{mult}(X_i, 0)$. Alors, quitte à restreindre U, les conditions suivantes sont équivalentes :

i) $C_{X,0} \cap \{0\} \times \mathbb{C}^p = \{0\}$.

ii) $val_0(S_m) \geq m$ pour $1 \leq m \leq k$.

iii) Il existe $c > 0$ tel que pour tout $(t,x) \in X$, on ait : $\|x\| \leq c \, \|t\|$,

iv) mult $(X, 0) = k$.

<u>Démonstration</u> : i) ⇔ iv) C'est une conséquence de [W, th. 7 P, p. 234] .

i)⇒ iii) L'hypothèse implique qu'il existe $a > 0$ tel que $C_{X,0}$ soit contenu dans le cône $\|x\| \leq a \|t\|$. Il suffit alors de montrer que pour tout $\varepsilon > 0$, il existe $r > 0$ tel que $X \cap \{\|(t,x)\| < r\}$ soit contenu dans le cône $\|x\| \leq (a+\varepsilon)\|t\|$. Supposons le contraire. Pour chaque entier $n > 0$, on peut alors trouver un point (t_n, x_n) de $X \cap \{\|(t,x)\| < \frac{1}{n}\}$ vérifiant $\|x_n\| > (a+\varepsilon)\|t_n\|$. Soit f un germe en 0 de fonction analytique s'annulant sur X. Pour n assez grand, (t_n, x_n) est dans le domaine de définition d'un représentant de f et l'on a $f(t_n, x_n) = in_0(f)(t_n, x_n) + g(t_n, x_n) = 0$ où $in_0(f)$ est la forme initiale de f en 0. De plus si $q = val_0(f)$ on a $\lim_{n \to +\infty} \frac{g(t_n, x_n)}{\|(t_n, x_n)\|^q} = 0$. Quitte à prendre une suite extraite, on peut supposer que l'on a $\lim_{n \to +\infty} \frac{(t_n, x_n)}{\|(t_n, x_n)\|} = y$. On a alors $in_0(f)(y) = 0$, ce qui prouve que $y \in C_{X,0}$ (en réalité, on doit éventuellement extraire une suite pour chaque f, or le faire pour un système fini suffit). Or par construction y est dans le cône $\|x\| \geq (a+\varepsilon)\|t\|$, ce qui est absurde puisque par hypothèse $C_{X,0}$ est contenu dans le cône $\|x\| \leq a\|t\|$.

iii)⇒ i) C'est une conséquence des propriétés du cône tangent de Zariski en 0 à X.

ii)⇒ iii) Parmi les $q_k = \dim_{\mathbb{C}} S_k(\mathbb{C}^p)$ fonctions scalaires correspondantes à P notons $(\xi_j)_{1 \leq j \leq p}$ celles de la diagonale (i.e. $\xi_j(t,x) = x_j^k - S_{1_j}(t)\, x_j^{k-1} + \ldots + S_{k_j}(t)$). Il suffit alors d'utiliser les $(\xi_j)_{1 \leq j \leq p}$ et le lemme classique suivant :

<u>Lemme 3</u>.

Soient $x, s_1, s_2, \ldots, s_k$ des nombres conplexes vérifiant la relation

$x^k - s_1 x^{k-1} + \dots + (-1)^k s_k = 0.$

Alors on a l'inégalité $|x| \leq 2 \operatorname{Max}_{1 \leq m \leq k} |s_m|^{1/m}$

iii) $\Rightarrow$ ii) Soit $1 \leq m \leq k$, alors d'après l'hypothèse il existe un entier positif $N(k,m)$ tel que $\|S_m(t)\| \leq N(k,m)\, c^m \|t\|^m$. D'où le résultat.

Définition 1.

On dit qu'un revêtement ramifié X de degré k de U, contenu dans $U \times \mathbb{C}^p$ est transverse en 0 s'il vérifie l'une des conditions de la proposition précédente.

Remarque : Dans le cas où X est lisse, sans multiplicité et transverse en 0, la paramétrisation locale est simplement une carte locale.

§ 3. - Cycle tangent de Zariski à un germe de cycle

On rappelle qu'un germe de cycle est la donnée d'une combinaison linéaire finie $\sum_{i=1}^{\ell} m_i\,(X_i, 0)$ à coefficients dans $\mathbb{N}^*$, de germes d'ensembles analytiques complexes irréductibles distincts. On dit qu'un tel germe de cycle est de dimension pure n si chaque $(X_i, 0)$ est de dimension n.

Soit I un idéal de $\mathbb{C}\{y\} = \mathbb{C}\{y_1, y_2, \dots, y_{n+p}\}$, on suppose que le germe d'espace analytique complexe $(X, 0)$ correspondant à I est de dimension pure n. On note $(C_X, 0)$ le germe d'espace analytique complexe correspondant à l'idéal in $[I]$ de $\mathbb{C}\{y\}$. On désigne par cycle$(X, 0)$ (resp. cycle$(C_X, 0)$), le germe de cycle sous-jacent à $(X, 0)$ (resp. $(C_X, 0)$) (cf. l'appendice a), et [B, chap. V]).

On peut représenter cycle$(X, 0)$ comme un revêtement ramifié de degré k de U, contenu dans $U \times \mathbb{C}^p$ tel que $(X, 0) \cap \{0\} \times \mathbb{C}^p = \{0\}$ où U est un polydisque ouvert de centre 0 dans $\mathbb{C}^n$. De plus, on peut toujours supposer que cycle$(X, 0)$ en tant que revêtement ramifié est transverse en 0 (il suffit de réaliser la condition i) de la proposition 1.).

Théorème 2.

Soit X un revêtement ramifié de degré k de U, contenu dans $U \times \mathbb{C}^p$, transverse en 0 et de polynôme associé P. Alors

1) La partie homogène de degré k de P, notée in(P), définit un cône qui est un revêtement ramifié de degré k de U, contenu dans $U \times \mathbb{C}^p$.

2) Supposons que X représente cycle$(X, 0)$, alors le revêtement ramifié défini par in(P) représente cycle$(C_X, 0)$.

Démonstration : 1) D'après la proposition 1., pour $\lambda \in D = \{\lambda \in \mathbb{C} ; |\lambda| < 1\}$ on a $P(\lambda t, \lambda x) = \lambda^k \text{in}(P)(t, x) + \lambda^{k+1} Q(t, x, \lambda)$. Pour $\lambda \neq 0$ $\frac{P(\lambda t, \lambda x)}{\lambda^k}$ est à valeurs dans $\text{Sym}^k(\mathbb{C}^p)$ qui est fermé dans $\bigoplus_{m=1}^{k} S_m(\mathbb{C}^p)$, ce qui montre par passage à la limite lorsque λ tend vers 0 que in(P) est à valeurs dans $\text{Sym}^k(\mathbb{C}^p)$. D'où le résultat d'après [B. chap. 0].

2) On obtient d'après le 1) par $(\lambda, t, x) \rightsquigarrow \frac{P(\lambda t, \lambda x)}{\lambda^k}$ une famille analytique de cycles, (X_λ), de $U \times \mathbb{C}^p$, de dimension pure n, paramétrée par D et telle que in(P) est associé à X_0. D'après le théorème 1. et [B, th. 8 (local)], on peut construire, pour $|\lambda|$ suffisamment petit, une famille analytique de cycles, (Y_λ), de $U \times \mathbb{C}^p$, de dimension pure n, paramétrée par D_ε et telle que Y_0 représente cycle$(C_X, 0)$.

$(D_\varepsilon \times U \times \mathbb{C}^p \supset Y \xrightarrow{\pi} D_\varepsilon \times U$, $Y = (Y_\lambda)$ est D_ε - plat et $D_\varepsilon \times U$ - propre).

Soit $O(U)$ (resp. $O(Y_\lambda)$) l'anneau des fonctions analytiques sur U (resp. Y_λ), et soit $K(U)$ le corps des fractions de $O(U)$. Quitte à restreindre U, $E(Y_\lambda, U) = O(Y_\lambda) \underset{O(U)}{\otimes} K(U)$ est un $K(U)$-espace vectoriel de dimension finie. Soit $\ell \in (\mathbb{C}^p)^*$, (Y_λ) est obtenu "en Newton" [cf. B, chap. V] grâce à $< N_m^{Y_\lambda}(t), \ell^m > = \mathrm{Trace}_{Y_\lambda}(\ell^m)(t)$ où ℓ^m est l'endomorphisme de $E(Y_\lambda, U)$ induit par multiplication. Soit $\lambda \neq 0$. On a pour définition de (X_λ), $\mathrm{Trace}_{X_\lambda}(\ell^m)(t) = \frac{1}{\lambda^m}\mathrm{Trace}_{X_1}(\ell^m)(\lambda t)$. En utilisant l'isomorphisme $(X_1, \mathcal{O}_{X_1}) \simeq (Y_\lambda, \mathcal{O}_{Y_\lambda})$ induit par l'homothétie de rapport $\frac{1}{\lambda}$, on peut lire $\mathrm{Trace}_{Y_\lambda}(\ell^m)(t)$ comme trace de $f(\lambda t, \lambda x) \otimes 1 \longrightarrow \ell(x)^m f(\lambda t, \lambda x) \otimes 1$. Or $\mathrm{Trace}_{X_1}(\ell^m)(\lambda t)$ correspond à la trace de

$$f(\lambda t, \lambda x) \otimes 1 \rightsquigarrow \ell(\lambda x)^m f(\lambda t, \lambda x) \otimes 1 = \lambda^m \ell(x)^m f(\lambda t, \lambda x) \otimes 1$$

d'où $\lambda^m \mathrm{Trace}_{Y_\lambda}(\ell^m)(t) = \mathrm{Trace}_{X_1}(\ell^m)(\lambda t)$. Ce qui montre que pour $\lambda \in D_\varepsilon - \{0\}$, les cycles X_λ et Y_λ sont égaux. D'où le résultat par continuité.

On remarquera que $\mathrm{cycle}(C_X, 0)$ ne dépend que de $\mathrm{cycle}(X, 0)$. En effet d'après le théorème précédent, $\mathrm{cycle}(C_X, 0)$ ne dépend ni de la paramétrisation locale utilisée ni du choix de l'idéal I de $\mathbb{C}\{y\}$ correspondant à $(X, 0)$. D'où la

Définition 2 .

Soit $(X, 0)$ un germe de cycle de dimension pure n. Soit I un idéal de $\mathbb{C}\{y\}$ dont le germe de cycle associé est $(X, 0)$. On appelle cycle tangent de Zariski à $(X, 0)$ le germe de cycle, $(C_X, 0)$, associé à l'idéal $\mathrm{in}[I]$ de $\mathbb{C}\{y\}$.

Application.

Soit X un revêtement ramifié de degré k de U, contenu dans $U \times \mathbb{C}^p$, transverse en 0 et d'équations canoniques $P(t,x) = 0$. Alors $\mathrm{in}(P)(t,x) = 0$ donne des équations explicites du cône tangent de Zariski en 0 à X.

APPENDICE

On se propose, d'une part de préciser la nature algébrique du cycle sous-jacent à un espace analytique complexe de dimension finie défini dans [B, chap. V], d'autre part de montrer grâce à [D] que si $\mathfrak{a}$ est un idéal de $A = \mathbb{C}\{t, x\}$ dont le germe de cycle associé cycle(X, 0) est de dimension pure, la multiplicité algébrique de $A/\mathfrak{a}$ et la multiplicité géométrique de cycle(X, 0) sont égales. En particulier on obtient en utilisant le théorème 2. une démonstration géométrique de l'égalité des multiplicités algébriques de $A/\mathfrak{a}$ et $A/\mathrm{in}[\mathfrak{a}]$.

a) cycle sous-jacent à un espace analytique complexe de dimension finie.

Soit $(X, \mathcal{O}_X)$ un espace analytique complexe de dimension finie, on note $(\mathrm{red}\, X, \mathcal{O}_{\mathrm{red}\, X})$ le réduit associé. Soit $S(X)$ le lieu singulier de red X, on note $(X'_i)_{i \in I}$ les composantes connexes de red X - S (X) et $X_i = \overline{X'_i}$ les composantes irréductibles de red X. Soit $\xi \in \mathrm{red}\, X - S(X)$, grâce à un plongement au voisinage de ξ, on peut faire de $\mathcal{O}_{X,\xi}$ un $\mathcal{O}_{\mathrm{red}\, X, \xi}$-module de type fini.

Posons $\mathrm{mult}_\xi(X) = \mathrm{rg}_{\mathcal{O}_{\mathrm{red}\, X,\xi}} \mathcal{O}_{X,\xi}$. Cet entier <u>ne dépend que de</u> ξ <u>et</u> $(X, \mathcal{O}_X)$. En effet on a le résultat suivant :

Proposition 2.

Notons $\mathcal{O}_{X,\xi} = \mathcal{O}$ et η le nilradical de $\mathcal{O}$. Alors

i) $\ell_{\mathcal{O}_\eta}(\mathcal{O}_\eta)$ est non nulle et finie.

ii) $\mathrm{mult}_\xi(X) = \ell_{\mathcal{O}_\eta}(\mathcal{O}_\eta)$.

Démonstration : i) Puisque $\xi \in \text{red}\, X - S(X)$, $\mathcal{O}_{\text{red}\, X, \xi} = \mathcal{O}_{\text{red}} = \mathcal{O}/\eta$ est régulier donc intègre et η est un idéal premier minimal de $\mathcal{O}$. Or $\mathcal{O}$ est nœtherien, d'où le résultat d'après [B.A.C, (IV), cor. 1, p. 136 et cor. 2, p. 148]

ii) D'après i) et puisque $\mathcal{O}_\eta$ est un $(\mathcal{O}_{\text{red}})_\eta$ - espace vectoriel de dimension finie on a $\ell_{\mathcal{O}_\eta}(\mathcal{O}_\eta) = \dim_{(\mathcal{O}_{\text{red}})_\eta} \mathcal{O}_\eta$ car $(\mathcal{O}_{\text{red}})_\eta = \mathcal{O}_\eta / \eta . \mathcal{O}_\eta$ est le corps résiduel de $\mathcal{O}_\eta$. Or c'est aussi le corps des fractions de $\mathcal{O}_{\text{red}}$, d'où le résultat par définition du rang.

De plus, $\text{mult}_\xi(X)$ ne dépend que de la composante connexe contenant ξ. Posons $\text{mult}(X)[X_i] = \text{mult}_\xi(X)$ si $\xi \in X'_i$. On peut alors définir le cycle de $(X, \mathcal{O}_X)$, sous-jacent à $(X, \mathcal{O}_X)$ par $\text{cycle}\, X = \sum_{i \in I} \text{mult}(X)[X_i] . X_i$.

b) <u>Multiplicité géométrique et multiplicité algébrique</u>.

Soit $\mathfrak{a}$ un idéal de $A = \mathbb{C}\{t, x\}$, on note $(\mathfrak{P}_i)_{i \in I}$, l'ensemble fini des idéaux premiers minimaux de $\mathfrak{a}$ et l'on suppose que pour tout $i \in I$, la dimension de Krull de l'anneau $A/\mathfrak{P}_i$ est égale à n. Soient $(X, 0)$ le germe d'espace analytique complexe correspondant à l'idéal $\mathfrak{a}$ et

$\text{cycle}(X, 0) = \sum_{i \in I} m_i(X_i, 0)$ son germe de cycle sous-jacent.

On désigne par $\text{mult}(\text{cycle}(X, 0)) = \sum_{i \in I} m_i \, \text{mult}(X_i, 0)$ la multiplicité géométrique de $\text{cycle}(X, 0)$.

On peut représenter $\text{cycle}(X, 0)$ comme un revêtement ramifié

$X = \sum_{i \in I} m_i X_i$ de degré $k = \sum_{i \in I} m_i \deg X_i$ de U, contenu dans $U \times \mathbb{C}^p$

et tel que $X \cap \{0\} \times \mathbb{C}^p = \{0\}$ où U est un polydisque ouvert de centre 0 dans $\mathbb{C}^n$.

Soit $i \in I$, alors puisque $\mathfrak{p}_i$ est un élément minimal de $\mathrm{Ass}\,(A/\mathfrak{a})$, $\ell_{A_{\mathfrak{p}_i}} (A/\mathfrak{a})_{\mathfrak{p}_i}$ est non nulle et finie d'après [B. A. C., (IV), cor. 2, p. 148].

Proposition 3.

Pour tout $i \in I$, on a $m_i = \ell_{A_{\mathfrak{p}_i}} (A/\mathfrak{a})_{\mathfrak{p}_i}$.

Démonstration : 1) cas irréductible

On suppose que $(\mathfrak{p}_i)_{i \in I}$ est réduit à un seul élément $\mathfrak{p}$, c'est-à-dire que $X = m|X|$. Dans ce cas, on doit montrer que $m = \ell_{A_{\mathfrak{p}}} (A/\mathfrak{a})_{\mathfrak{p}}$. La projection induit un morphisme fini $\pi : X \longrightarrow U$, et l'on peut donc supposer que

$$t \rightsquigarrow \mathrm{rg}_{\mathcal{O}_{U,t}} (\pi_* \mathcal{O}_X)_t = \sum_{\xi = (t,x)} \mathrm{rg}_{\mathcal{O}_{U,t}} \mathcal{O}_{X,\xi}$$

est constante sur U. Si K (resp. k) désigne le corps des fractions de $A/\mathfrak{p}$ (resp. $\mathbb{C}\{t\}$) on a $\deg |X| = [K : k] = \mathrm{rg}_{\mathbb{C}\{t\}} A/\mathfrak{p}$ d'où $\mathrm{rg}_{\mathbb{C}\{t\}} A/\mathfrak{a} = m\, \mathrm{rg}_{\mathbb{C}\{t\}} A/\mathfrak{p}$. Il suffit donc de démontrer le lemme suivant :

Lemme 4.

$$\mathrm{rg}_{\mathbb{C}\{t\}} A/\mathfrak{a} = \ell_{A_{\mathfrak{p}}} (A/\mathfrak{a})_{\mathfrak{p}}\ \mathrm{rg}_{\mathbb{C}\{t\}} A/\mathfrak{p} .$$

Démonstration : i) $\mathrm{rg}_{\mathbb{C}\{t\}} A/\mathfrak{a} \geq \ell_{A_{\mathfrak{p}}} (A/\mathfrak{a})_{\mathfrak{p}}\ \mathrm{rg}_{\mathbb{C}\{t\}} A/\mathfrak{p}$.

Puisque A est nœtherien , il existe une suite de composition $(M_i)_{0 \leq i \leq n}$ de $A/\mathfrak{a}$ telle que pour $0 \leq i \leq n-1$, M_i / M_{i+1} soit isomorphe à $A/\mathfrak{p}_i$ où $\mathfrak{p}_i \in \mathrm{Spec}\,(A)$, de plus $\mathfrak{p}$ est minimal parmi les $\mathfrak{p}_i$ [B. A. C, (IV), th. 1, p. 136 et th. 2, p. 137] . Puisque $\otimes_A A_{\mathfrak{p}}$ est exact, $((M_i)_{\mathfrak{p}})$ est une suite de composition de $(A/\mathfrak{a})_{\mathfrak{p}}$ et $(M_i)_{\mathfrak{p}} / M_{i+1})_{\mathfrak{p}}$ est isomorphe à $(A/\mathfrak{p}_i)_{\mathfrak{p}}$. Si $\mathfrak{p} \not\subset \mathfrak{p}_i$, $\mathfrak{p}_i A_{\mathfrak{p}} = A_{\mathfrak{p}}$ d'où $(A/\mathfrak{p}_i)_{\mathfrak{p}} = 0$ et si $\mathfrak{p}_i = \mathfrak{p}$, $(A/\mathfrak{p}_i)_{\mathfrak{p}}$ est le corps résiduel de $A_{\mathfrak{p}}$ ce qui prouve que pour les i tels que $\mathfrak{p}_i = \mathfrak{p}$, $((M_i)_{\mathfrak{p}})$ est une suite de Jordan-Hölder de $(A/\mathfrak{a})_{\mathfrak{p}}$.

D'où $\ell_{A_{\mathfrak{p}}}(A/\mathfrak{a})_{\mathfrak{p}} = \{$nombre des indices i tels que $\mathfrak{p}_i = \mathfrak{p}\}$.

Puisque $k \otimes_{\mathbb{C}\{t\}}$ est exact, $(k \otimes_{\mathbb{C}\{t\}} M_i)$ est une suite de sous-k-espaces vectoriels de $k \otimes_{\mathbb{C}\{t\}} A/\mathfrak{a}$ et $k \otimes_{\mathbb{C}\{t\}} M_i / k \otimes_{\mathbb{C}\{t\}} M_{i+1}$ est isomorphe à $k \otimes_{\mathbb{C}\{t\}} A/\mathfrak{p}_i$.

Par définition on a :

$$\operatorname{rg}_{\mathbb{C}\{t\}} A/\mathfrak{a} = \dim_k k \otimes_{\mathbb{C}\{t\}} A/\mathfrak{a} \quad \text{et} \quad \operatorname{rg}_{\mathbb{C}\{t\}} A/\mathfrak{p} = \dim_k k \otimes_{\mathbb{C}\{t\}} A/\mathfrak{p}$$

d'où $\operatorname{rg}_{\mathbb{C}\{t\}} A/\mathfrak{a} \geq \ell_{A_{\mathfrak{p}}}(A/\mathfrak{a})_{\mathfrak{p}} \operatorname{rg}_{\mathbb{C}\{t\}} A/\mathfrak{p}$

ii) $\operatorname{rg}_{\mathbb{C}\{t\}} A/\mathfrak{a} \leq \ell_{A_{\mathfrak{p}}}(A/\mathfrak{a})_{\mathfrak{p}} \operatorname{rg}_{\mathbb{C}\{t\}} A/\mathfrak{p}$

Soit $\ell = \ell_{A_{\mathfrak{p}}}(A/\mathfrak{a})_{\mathfrak{p}}$, il existe une suite de Jordan-Hölder $(N_i)_{0 \leq i \leq \ell}$ de $(A/\mathfrak{a})_{\mathfrak{p}}$. Puisque $\mathfrak{p} = \operatorname{Ass}(A/\mathfrak{a})$, l'homomorphisme canonique $A/\mathfrak{a} \longrightarrow (A/\mathfrak{a})_{\mathfrak{p}}$ est injectif [B. A. C, (IV), prop. 6, p. 135]. Posons $M_i = N_i \cap A/\mathfrak{a}$, on obtient ainsi une suite de composition de $A/\mathfrak{a}$, de plus M_i/M_{i+1} est isomorphe à un sous-$A/_{\mathfrak{p}}$-module de $A/\mathfrak{p}$. En effet, par construction M_i/M_{i+1} est un sous-$A/\mathfrak{p}$-module de $K = A/\mathfrak{p} \otimes_A A_{\mathfrak{p}}$, de plus M_i/M_{i+1} est également un A-module de type fini, donc c'est aussi un $A/\mathfrak{p}$-module de type fini. Or M_i/M_{i+1} est un $A/\mathfrak{p}$-module sans torsion et de rang 1, il est donc isomorphe à un sous-$A/\mathfrak{p}$-module de $A/\mathfrak{p}$. Puisque $k \otimes_{\mathbb{C}\{t\}}$ est exact, $(k \otimes_{\mathbb{C}\{t\}} M_i)$ est une suite de sous-k-espaces vectoriels de $k \otimes_{\mathbb{C}\{t\}} A/\mathfrak{a}$ et $k \otimes_{\mathbb{C}\{t\}} M_i / k \otimes_{\mathbb{C}\{t\}} M_{i+1}$ est isomorphe à $k \otimes_{\mathbb{C}\{t\}} M_i / M_{i+1}$. D'après ce qui précède on a pour $0 \leq i \leq \ell - 1$

$\dim_k k \otimes_{\mathbb{C}\{t\}} M_i/M_{i+1} \leq \dim_k k \otimes_{\mathbb{C}\{t\}} A/\mathfrak{P}$ d'où

$\mathrm{rg}_{\mathbb{C}\{t\}} A/\mathfrak{a} \leq \ell_{A_{\mathfrak{P}}} (A/\mathfrak{a})_{\mathfrak{P}} \; \mathrm{rg}_{\mathbb{C}\{t\}} A/\mathfrak{P}$. Ce qui prouve le résultat .

2) cas général.

Soit $\mathfrak{a} = \bigcap_{i \in J} Q_i$ une décomposition primaire réduite de $\mathfrak{a}$, alors $I \subseteq J$.

Soit $i \in I$, alors $\mathfrak{P}_i = \sqrt{Q_i}$ est isolé et $Q_i = \{a \in A$; il existe $r \in A - \mathfrak{P}_i$ et $ra \in \mathfrak{a}\}$

d'où $(Q_i/\mathfrak{a})_{\mathfrak{P}_i} = 0$, ce qui prouve en utilisant la suite exacte de A-modules

$0 \longrightarrow Q_i/\mathfrak{a} \longrightarrow A/\mathfrak{a} \longrightarrow A/Q_i \longrightarrow 0$ et l'additivité des longueurs que

$\ell_{A_{\mathfrak{P}_i}} (A/Q_i)_{\mathfrak{P}_i} = \ell_{A_{\mathfrak{P}_i}} (A/\mathfrak{a})_{\mathfrak{P}_i}$. On peut "éviter" toutes les composantes immergées de $\mathfrak{a}$, d'où en utilisant le début de 1) et le lemme 4, on a

$m_i \, \mathrm{rg}_{\mathbb{C}\{t\}} A/\mathfrak{P}_i = \mathrm{rg}_{\mathbb{C}\{t\}} A/Q_i = \ell_{A_{\mathfrak{P}_i}} (A/\mathfrak{a})_{\mathfrak{P}_i} \, \mathrm{rg}_{\mathbb{C}\{t\}} A/\mathfrak{P}_i$, ce qui prouve le résultat.

Notons $m(A/\mathfrak{a})$ (resp. $m(A/\mathfrak{P}_i)$) la multiplicité de l'anneau local $A/\mathfrak{a}$ (resp. $A/\mathfrak{P}_i$) i.e. la multiplicité de l'idéal maximal de cet anneau. En utilisant [S, V-3], on peut démontrer la formule d'additivité suivante :

$$\text{(A)} \qquad m(A/\mathfrak{a}) = \sum_{i \in I} \ell_{A_{\mathfrak{P}_i}} (A/\mathfrak{a})_{\mathfrak{P}_i} \, m(A/\mathfrak{P}_i) \, .$$

Proposition 4.

Supposons que le revêtement ramifié X de degré k de U, contenu dans $U \times \mathbb{C}^p$ et représentant cycle (X, 0) soit transverse en 0 .

Alors $m(A/\mathfrak{a}) = \mathrm{mult}(\,\mathrm{cycle}(X, 0)) = k$.

Démonstration : D'après la proposition 1. iv), on a

$$k = \sum_{i \in I} m_i \deg X_i = \sum_{i \in I} m_i \operatorname{mult}(X_i, 0).$$

Or d'après [D, th. 6. 5, p. 198] on a $\operatorname{mult}(X_i, 0) = m(A/\mathfrak{P}_i)$ d'où le résultat d'après la formule (A) et la proposition 3.

Corollaire.

On a $m(A/\mathfrak{a}) = m(A/\mathrm{in}[\mathfrak{a}])$.

Démonstration : C'est une conséquence du théorème 2. et de la proposition 4.

BIBLIOGRAPHIE

[B.A.C.] N. BOURBAKI Algèbre commutative. Hermann (1961).

[B] D. BARLET Espace analytique réduit des cycles analytiques complexes compacts d'un espace analytique complexe de dimension finie. Fonct. de Plus. Var. Compl. II, sém. F. Norguet 1974-75. Lect. Notes in Math. 482, Springer-Verlag (1975) p. 1-158.

[D] R. DRAPER Intersection theory in analytic geometry. Math. Ann. 180 (1969) p. 175-204.

[E.G.A.] A. GROTHENDIECK et J. DIEUDONNE Eléments de géométrie algébrique. Publ. Math. I.H.E.S. 28 (1966).

[M] B. MALGRANGE Frobenius avec singularités - 1. codimension un Publ. Math. I.H.E.S. 46 (1976) p. 163-174.

[S] J.P. SERRE Algèbre locale. Multiplicités. Lect. Notes in Math. 11, Springer Verlag (1965).

[W] H. WHITNEY Complex analytic varieties. Addison-Wesley (1972).

PLATITUDE DES REVETEMENTS RAMIFIES

PAR A. SZPIRGLAS (*)

Plan :

(*) Thèse 3ème Cycle soutenue à l'Université de Paris VII le 21/09/1978.

INTRODUCTION

Le but de ce travail est de démontrer un critère de platitude pour les revêtements ramifiés de degré quelconque. Un tel critère a été démontré par A. Henaut [6] dans le cas des revêtements ramifiés de degré 2 : un revêtement ramifié de degré 2 est plat si et seulement si son idéal discriminant est principal.

Le problème ici est tout d'abord de définir l'idéal de ramification du revêtement. Pour cela, on a besoin d'associer à tout revêtement ramifié, un revêtement "pair" ; ceci permet d'introduire dans chaque fibre un "ordre" invariant par permutations paires.

Le paragraphe 2 est la démonstration du critère de platitude. Au paragraphe 3, on précise ce résultat dans le cas où le revêtement ramifié est intersection complète. La platitude est alors acquise ; on détermine un générateur de l'idéal de ramification.

§ 1.- A - PRELIMINAIRES

(On supposera toujours : $p \geqslant 2$) .

Définition 1.- Soit U un polydisque de $\mathbb{C}^n$, ouvert ; un revêtement ramifié de degré k de U dans $U \times \mathbb{C}^p$ sans multiplicité est un sous ensemble analytique fermé X de dimension pure n de $U \times \mathbb{C}^p$ tel que la restriction P de la projection canonique de $U \times \mathbb{C}^p$ sur U à X soit propre, surjective et de degré k.

On appelle ensemble de ramification de X , noté $R(X)$ l'ensemble des points t de U pour lesquels il n'existe pas de voisinage ouvert V_t dans U tel que $|X| \cap V_t \times \mathbb{C}^p$ soit un revêtement analytique non ramifié de V_t (par la projection canonique).

Notations : 1) on note $\mathrm{Sym}^k(\mathbb{C}^p)$ le quotient de $(\mathbb{C}^p)^k$ par l'action du groupe σ_k des permutations de $\{1,2,\ldots,k\}$ et on note Δ le lieu singulier de $\mathrm{Sym}^k(\mathbb{C}^p)$.

2) $\mathrm{Antisym}^k(\mathbb{C}^p)$ est le quotient de $(\mathbb{C}^p)^k$ par l'action du groupe $\mathfrak{a}_k$ des permutations paires de $\{1,2,\ldots,k\}$. Soit π la projection canonique de $\mathrm{Antisym}^k(\mathbb{C}^p)$ sur $\mathrm{Sym}^k(\mathbb{C}^p)$.

3) On désigne par S_ℓ (pour ℓ élément de $[1,k]$) l'application de $\mathrm{Sym}^k(\mathbb{C}^p)$ dans $S_\ell(\mathbb{C}^p)$ (composante homogène de degré ℓ de l'algèbre symétrique de $\mathbb{C}^p$) définie par passage au quotient de l'application $\widetilde{S}_\ell$ de $(\mathbb{C}^p)^k$ dans

$S_\ell(\mathbb{C}^p)$ qui a $(x_1 \ldots x_k)$, un k-uplet d'éléments de $\mathbb{C}^p$, associe $\mathfrak{S}_\ell(x_1 \ldots x_k) = \sum_{1<i_1<i_2<\ldots<i_\ell<k} x_{i_1} x_{i_2} \ldots x_{i_\ell}$. De plus, on pose $S_o \equiv 1$.

Théorème 1.- [3] Soit X un sous-ensemble analytique fermé de $U \times \mathbb{C}^p$. X est un revêtement ramifié de degré k de U dans $U \times \mathbb{C}^p$ si et seulement si il existe une fonction analytique f de U dans $\mathrm{Sym}^k(\mathbb{C}^p)$ telle que :

i) $f^{-1}(\Delta)$ est contenue dans une hypersurface d'intérieur vide de U

ii) $|X| = \{(t,x) \in U \times \mathbb{C}^p \mid \sum_{h=0}^{k} (-1)^h S_h(f(t))\, x^{k-h} = 0\}$.

De plus, on a : $f^{-1}(\Delta) = R(X)$.

Proposition 1.-

$$\pi_1\, (\mathrm{Sym}^k(\mathbb{C}^p) - \Delta) \simeq \sigma_k \quad .$$

Démonstration : Soit $\bar{\Delta}$ l'image réciproque de Δ par la projection canonique de $(\mathbb{C}^p)^k$ sur $\mathrm{Sym}^k(\mathbb{C}^p)$; p étant supérieur ou égal à 2 , $(\mathbb{C}^p)^k - \bar{\Delta}$ constitue le revêtement universel de $\mathrm{Sym}^k(\mathbb{C}^p) - \Delta$. En effet $\bar{\Delta}$ est une réunion finie de sous-espaces vectoriels de codimension p de $(\mathbb{C}^p)^k$ donc $(\mathbb{C}^p)^k - \bar{\Delta}$ est simplement connexe. Donc $\pi_1(\mathrm{Sym}^k(\mathbb{C}^p) - \Delta)$ est isomorphe à σ_k .

B - L'IDEAL DE RAMIFICATION

Soit $g = (g_1,\ldots,g_k)$ un k-uplet de fonctions holomorphes de $\mathbb{C}^p$ dans $\mathbb{C}$. On définit la fonction holomorphe $\{g\}$ de $(\mathbb{C}^p)^k$ dans $\mathbb{C}$ par :

$$\forall\, (x_1,\ldots,x_k) \in (\mathbb{C}^p)^k \ , \quad \{g\}_{(x_1,\ldots,x_k)} = \det\, (g_i(x_j))$$

$\{g\}$ est une fonction $\mathfrak{a}_k$- invariante ; elle définit donc, en passant au quotient, une fonction holomorphe $[g]$ de $\mathrm{Antisym}^k\, (\mathbb{C}^p)$ dans $\mathbb{C}$. Soit $\mathcal{A}$ l'idéal de l'anneau des fonctions holomorphes de $\mathrm{Antisym}^k\, (\mathbb{C}^p)$ dans $\mathbb{C}$ engendré par la famille des $[g]$.

Si g et h sont deux k-uplets de fonctions holomorphes de $\mathbb{C}^p$ dans $\mathbb{C}$, $\{g\} \times \{h\}$ est une fonction σ_k invariante qui définit par passage au quotient la fonction holomorphe $[g] \times [h]$ de $\mathrm{Sym}^k(\mathbb{C}^p)$ dans $\mathbb{C}$. Soit R l'idéal de l'anneau des fonctions holomorphes de $\mathrm{Sym}^k(\mathbb{C}^p)$ dans $\mathbb{C}$ engendré par la famille des $[g] \times [h]$.

Définition 2.-

Soit X un revêtement ramifié de U dans $U \times \mathbb{C}^p$, auquel est associée l'application f analytique de U dans $\mathrm{Sym}^k(\mathbb{C}^p)$; l'idéal de ramification de X est par définition $f^*(R)$.

Remarque 1.- Soit $O_{U \times \mathbb{C}^p}$ le faisceau des germes de fonctions holomorphes définies sur $U \times \mathbb{C}^p$, I_X l'idéal de $O_{U \times \mathbb{C}^p}$ des germes des fonctions holomorphes nulles sur X , $O_X = O_{U \times \mathbb{C}^p}/I_X$ est le faisceau structural réduit de X en tant que sous ensemble analytique de $U \times \mathbb{C}^p$. Pour tous k-uplets $g = (g_1,\ldots g_k)$ et $(h_1,\ldots,h_k)$ d'éléments de O_X , on définit l'application $|g|\,|h|$ de U dans $\mathbb{C}$ comme suit : si t est un élément de U et si $P^{-1}(t) = \{(t, x_1(t)),\ldots,(t, x_k(t))\}$, $|g|\,|h|_{(t)} = \det g_i\ (t, x_j(t))\ .\ \det h_i\ (t, x_j(t))$; $f^*(R)$ est engendré par la famille des $|g|\ .\ |h|$. On ne peut parler ici de "l'idéal engendré par la famille des $|g|$" , puisque $|g|$ ne définit pas une fonction sur X . Pour cela, on introduit $\tilde{U}$, revêtement ramifié de degré 2 de U , qui est le produit fibré de $\tilde{U}$ et $\mathrm{Antisym}^k(\mathbb{C}^p)$ sur $\mathrm{Sym}^k(\mathbb{C}^p)$, avec l'application $\tilde{f}$ analytique de U dans $\mathrm{Antisym}^k(\mathbb{C}^p)$. Le diagramme suivant est donc cartésien :

$$\begin{array}{ccc} \tilde{U} & \xrightarrow{\tilde{f}} & \mathrm{Antisym}^k(\mathbb{C}^p) \\ \tilde{\pi}\downarrow & & \downarrow\pi \\ U & \xrightarrow[f]{} & \mathrm{Sym}^k(\mathbb{C}^p) \end{array}$$

Alors $\tilde{f}^*(\mathcal{A})$ est engendré par la famille des $|g|$.

Nous allons maintenant expliciter le normalisé de $\tilde{U}$ (et en fait $\tilde{U}$ via sa normalisation).

C - CONSTRUCTION DE $\bar{U}$ ET DE $\bar{f}$

La restriction de f à $U - R(X)$ induit en tout point t_o de $U - R(X)$ un morphisme de groupes $\pi_1 f$ entre $\pi_1(U - R(X), t_o)$ et $\pi_1(\mathrm{Sym}^k(\mathbb{C}^p) - \Delta, f(t_o))$, qui est isomorphe à σ_k .

Remarque 2.- Soit G_{t_o} l'image par ce morphisme de $\pi_1(U - R(X)\ ,\ t_o)$ dans σ_k . La classe de conjugaison de $G_{t_o}(X)$ dans σ_k est indépendante du point de base t_o choisi dans $U - R(X)$. En effet, soit t_1 un point quelconque de $U - R(X)$, α_1 un lacet de base t_1 dans $U - R(X)$, $\beta_1 = f \circ \alpha_1$ est alors un élément de $G_{t_1}(X)$. Soit c un chemin de t_o à t_1 dans $U - R(X)$ (qui est connexe par arcs). On note $\alpha_2 = c\alpha_1 c^{-1}$, α_2 est un lacet de base t_o , passant par t_1 dans $U - R(X)$.

$$f \circ \alpha_2 = f \circ (c\alpha_1 c^{-1}) = (f \circ c)(f \circ \alpha_1)(f \circ c)^{-1} .$$

Or $\mathrm{Sym}^k(\mathbb{C}^p) - \Delta$ étant connexe par arcs, il existe une permutation σ dans σ_k telle que $f \circ c = \sigma$, d'où, $f \circ \alpha_2 = \sigma\beta_1\sigma^{-1}$ et $\beta_1 = \sigma^{-1} f \circ \alpha_2 \sigma$; donc β_1, élément quelconque de $G_{t_1}(X)$, est conjugué de $f \circ \alpha_2$, élément de $G_{t_o}(X)$.

On compose $\pi_1 f$ avec l'application signature, ce qui définit un morphisme de groupes entre $\pi_1(U - R(X), t_o)$ et $\{-1, +1\}$. Or,

$\pi_1(U - R(X)) / [\pi_1(U - R(X)), \pi_1(U - R(X))]$ est isomorphe à $H_1(U - R(X))$

($[\pi_1(U - R(X)), \pi_1(U - R(X)]$ étant le sous groupe des commutateurs de $\pi_1(U - R(X))$; ce morphisme passe donc au quotient en un morphisme de $H_1(U-R(X))$ dans $\{-1, +1\}$; soit $(R_i)_{i \in I}$ la famille des composantes irréductibles de $R(X)$.

<u>Lemme 1</u>.- $H_1(U-R(X) \simeq \bigoplus_{i \in I_1} H_1(U-R_i)$ avec $I_1 = \{i \in I \mid \mathrm{codim}\, R_i = 1\}$.

<u>Démonstration</u> : Soit i_o un élément quelconque de I ; $U - R_{i_o}$ et $U - \bigcup_{\substack{i \in I \\ i \neq i_o}} R_i$ sont des ouverts de U. Donc, on a la suite exacte de Mayer-Vietoris :

$$\ldots \to H_2[(U-R_{i_o}) \cup (U - \bigcup_{\substack{i \in I \\ i \neq i_o}} R_i)] \to H_1(U-R_{i_o}) \oplus H_1(U - \bigcup_{\substack{i \in I \\ i \neq i_o}} R_i) \to H_1(U - R(X)) \to$$
$$H_1((U-R_{i_o}) \cup (U - \bigcup_{\substack{i \in I \\ i \neq i_o}} R_i)) \to \ldots$$

Or $(U-R_{i_o}) \cup (U - \bigcup_{\substack{i \in I \\ i \neq i_o}} R_i) = U - (R_{i_o} \cap \bigcup_{\substack{i \in I \\ i \neq i_o}} R_i)$, et $R_{i_o} \cap \bigcup_{\substack{i \in I \\ i \neq i_o}} R_i$ est de codimension supérieure ou égale à 2 (sur $\mathbb{C}$).

Donc : $H_1(U-R(X)) \simeq H_1(U-R_{i_o}) \oplus H_1(U - \bigcup_{\substack{i \in I \\ i \neq i_o}} R_i)$. Donc par récurrence, on déduit : $H_1(U-R(X)) = \bigoplus_{i \in I} H_1(U - R_i)$. Or, si la codimension de R_i est supérieure ou égale à 2, $H_1(U - R_i)$ est nul. D'où le résultat annoncé.

Soit alors $J = \{i \in I_1 \mid H_1(U - R_i) \not\subset \ker s\}$. Soit, pour tout i élément de I_1, δ_i un générateur de l'idéal de R_i.

On pose $\delta = \prod_{j \in J} \delta_j$.

<u>Définition de</u> $\bar{U}$: $\bar{U} = \{(t,z) \in U \times \mathbb{C} \mid \delta(t) = z^2\}$. $\bar{U}$ est un revêtement ramifié de degré 2 de U dans $U \times \mathbb{C}$. On note $\bar{\pi}$ la projection canonique de $\bar{U}$ sur U .

Soit t_o un élément quelconque de $U - R(X)$ et V_{t_o} un voisinage ouvert simplement connexe de t_o dans $U - R(X)$; alors X/V_{t_o} est un revêtement analytique trivial. Soit α un lacet de base t_o dans V_{t_o} . Ce lacet admet deux revêtements α_1 et α_2 dans $\bar{U}$.

<u>Lemme 2</u>.- α_1 et α_2 sont des lacets si et seulement si $s(\alpha) = +1$.

<u>Démonstration</u> : Soit t un point quelconque du lacet α , c et c' les chemins de t_o vers t tels que $\alpha = c^{-1} c'$. On note (t_o,x_o^1) ,..., (t_o,x_o^k) les éléments de $P^{-1}(t_o)$. Soit, pour tout i élément de $\{1,2,\dots,k\}$ le relèvement C_i de c , C_i' de c' , chemins de $X - P^{-1}(R(X))$ tels que :

1) $C_i(0) = C_i'(0) = x_o^i$

2) $P \circ C_i = c$, $P \circ C_i' = c'$.

On note, pour tout ξ élément de $[0,1]$, $C_i(\xi) = (c(\xi), \tilde{C}_i(\xi))$ et $C_i'(\xi) = (c'(\xi), \tilde{C}_i'(\xi))$. D'après 2), ce sont deux éléments de $|X|$. Soit, pour tout i élément de $\{1,\dots,k\}$ A_i le relèvement de α tel que $A_i(0) = C_i(1)$ dans $X - P^{-1}(R(X))$, et $P \circ A_i = \alpha$. $C_i^{-1} C_i'$ est un tel chemin, donc $A_i = C_i^{-1} C_i'$ et $A_i(0) = C_i(1)$, $A_i(1) = C_i'(1)$.

Soit $\widetilde{f \circ \alpha}$ la classe dans $\pi_{f(\alpha(0)),f(\alpha(1))}(\mathrm{Sym}^k(\mathbb{C}^p) - \Delta)$ du chemin $f \circ \alpha$ de $\mathrm{Sym}^k(\mathbb{C}^p) - \Delta$, et soit B le relèvement dans $(\mathbb{C}^p)^k - \bar{\Delta}$ de $f \circ \alpha$ tel que $B(0) = (A_1(0), \dots, A_k(0))$; le relèvement étant unique, on a, pour tout ξ élément de $[0,1]$, $B(\xi) = (\tilde{A}_1(\xi), \dots, \tilde{A}_k(\xi))$.

a) $s(\alpha) = +1$. Donc $\widetilde{f \circ \alpha}$ appartient à $\mathcal{A}_k$ et il existe σ une permutation paire de $\{1,2,\dots,k\}$ telle que $\sigma = \widetilde{f \circ \alpha}$. Alors, $(\tilde{A}_{\sigma(1)}(0), \dots, \tilde{A}_{\sigma(k)}(0))$ est égal à $(\tilde{A}_1(1), \dots, \tilde{A}_k(1))$. D'où $(\tilde{C}_{\sigma(1)}(1), \dots, \tilde{C}_{\sigma(k)}(1))$ est égal à $(\tilde{C}_1'(1), \dots, \tilde{C}_k'(1))$ et les deux k-uplets $(\tilde{C}_1(1), \dots, \tilde{C}_k(1))$ et $(\tilde{C}_1'(1), \dots, \tilde{C}_1'(k))$ sont égaux modulo $\mathcal{A}_k$. Ce résultat est vrai en particulier pour le point $t_o = t$. Donc α_1 et α_2 sont des lacets dans $\bar{U} - \bar{\pi}^{-1}(R(X))$, étant donnée la définition de $\bar{U}$.

b) $s(\alpha) = -1$. Alors, par un raisonnement semblable, on voit que $(\tilde{C}_1(1), \ldots, \tilde{C}_k(1))$ et $(\tilde{C}'_1(1), \ldots, \tilde{C}'_k(1))$ se déduisent l'un de l'autre par une permutation σ qui n'est pas paire. Le résultat restant vrai pour $t = t_o$, α_1 et α_2 ne sont pas des lacets dans $\bar{U} - \bar{\pi}^{-1}(R(X))$, mais des chemins (non fermés).

Ce lemme permet de définir l'application $\bar{f}$ analytique de $\bar{U} - \bar{\pi}^{-1}(R(X))$ dans $\mathrm{Antisym}^k(\mathbb{C}^p)$ comme suit :

<u>Définition de</u> $\bar{f}$: On note (t_o, z_o^1) et (t_o, z_o^2) les éléments de $\bar{U}$ au-dessus de t_o . Soit alors (t,z) un élément quelconque de $\bar{U} - \bar{\pi}^{-1}(R(X))$. Il existe un lacet de base (t_o, z_o^1) ou (t_o, z_o^2) passant par (t,z) . On déduit du lemme 2 que ce lacet est le relèvement d'un lacet α de base t_o dans $U - R(X)$ qui vérifie : $s(\alpha) = +1$. On considère C , l'un des chemins de t_o vers t dans $U - R(X)$ définis par le lacet α . On pose par définition :

$$\bar{f}(t,z) = \text{classe de } (\tilde{C}_1(1), \ldots, \tilde{C}_k(1)) \text{ dans } \mathrm{Antisym}^k(\mathbb{C}^p) .$$

<u>Remarque 3</u>.- $\tilde{U}$ et $\bar{U}$ sont isomorphes en dehors de la ramification, et alors $\tilde{f}$ et $\bar{f}$ sont égales.

Montrons maintenant que $\bar{U}$ est normal : d'abord, par construction $\bar{U}$ est une hypersurface de $U \times \mathbb{C}$ et donc $\bar{U}$ est de Cohen-Macaulay.

De plus les singularités de $\bar{U}$ sont contenues dans

$$\bar{U} \cap \{z = 0\} \bigcap_{i=1}^{n} \{\frac{\partial \delta}{\partial t_i} = 0\}$$ qui est de codimension ≥ 2 dans $\bar{U}$ car δ est

une fonction sans facteur multiple. D'après un résultat classique $\bar{U}$ est donc normal. Comme $\mathrm{Antisym}^k(\mathbb{C}^p)$ est affine et que $\bar{f}$ est localement bornée sur l'hyperplan $\{z = 0\}$ de $\bar{U}$, $\bar{f}$ se prolonge analytiquement à $\bar{U}$ tout entier en une application analytique $\bar{f} : \bar{U} \to \mathrm{Antisym}^k(\mathbb{C}^p)$. De la propriété universelle du produit fibré on déduit un diagramme commutatif :

$$\begin{array}{ccccc} \bar{U} & & \xrightarrow{\quad\bar{f}\quad} & & \\ & \searrow^{\nu} & & & \\ & & \tilde{U} & \xrightarrow{\tilde{f}} & \mathrm{Antisym}^k(\mathbb{C}^p) \\ & & \tilde{\pi}\downarrow & & \downarrow \pi \\ & \searrow & U & \xrightarrow{f} & \mathrm{Sym}^k(\mathbb{C}^p) \end{array}$$

où ν est un isormorphisme au-dessus de $\tilde{U} - \{\delta \circ \tilde{\pi} = o\}$ d'après la remarque 3 ci-dessus.

On vérifie immédiatement que ν est un homéomorphisme et donc que $\bar{U}$ est le normalisé de $\tilde{U}$ (et même le normalisé faible).

De manière plus précise la fonction méromorphe $z \circ \nu^{-1}$ sur $\tilde{U}$ est de carré holomorphe (c'est $\delta \circ \tilde{\pi}$) ; elle est continue et $\bar{U}$ est isomorphe au graphe de cette fonction.

§ 2.- PLATITUDE DU REVETEMENT RAMIFIE X

Nous sommes maintenant en mesure de prouver le

Théorème 2.-

Soit X un revêtement ramifié sans multiplicité de U contenu dans $U \times \mathbb{C}^p$ et (X, O_X) l'espace analytique réduit correspondant. Alors (X, O_X) est plat sur U si et seulement si l'idéal $f^*(R)$ est principal.

Démonstration : La question étant locale sur U on travaillera sur des germes en $o \in U$. On remarquera que O_X est plat sur O_U si et seulement s'il est localement libre sur O_U .

1) Supposons O_X plat sur O_U et soit alors $\{g_1\ g_2 \dots g_k\}$ une base de O_X comme O_U module ; posons $g = (g_1, \dots, g_k)$. Si h et h' sont des sections locales de O_X^k on aura

$$h = g\, M \quad \text{et} \quad h' = g\, M'$$

où M et M' sont des matrices (k, k) à coefficients dans O_U . On en déduit sur $\tilde{U}$ les égalités $|h| = \det(M) \, . \, |g|$

$$\text{et} \quad |h'| = \det(M') \, . \, |g| \; .$$

On en déduit que dans O_U on a

$$|h|\ |h'| = \det(M) \det(M') \, . \, |g|^2$$

ce qui prouve que $|g|^2$ engendre $f^*(R)$ qui est donc principal.

2) Supposons $f^*(R)$ principal.

Comme $f^*(R)$ est par définition engendré par les éléments de la forme $|g||h|$ avec g et $h \in O_X^k$, il existe (localement sur U) g_o et $h_o \in O_X^k$ tel que $|g_o||h_o|$ soit un générateur de $f^*(R)$.

Si maintenant $\ell \in O_X^k$ $|g_o|\ |\ell|$ est dans $f^*(R)$ et donc

$|g_o||\ell| = a\ |g_o|\ |h_o|$ pour $a \in O_U$. Comme $|g_o| \neq 0$ on aura $|\ell| = a\ |h_o|$ sur $\tilde{U}$ ce qui prouve que $|h_o|$ engendre $\tilde{f}^*(\mathcal{R})$ qui est donc principal. En échangeant les rôles de g_o et h_o on voit que $|g_o|$ engendre également $\tilde{f}^*(\mathcal{R})$ et donc que $|h_o| = \alpha\ |g_o|$ avec α inversible de $\tilde{U}$. Mais $|h_o|$ et $|g_o|$ étant alternée (c'est-à-dire prenant des valeurs opposées aux points $(t, \pm \sqrt{\delta(t)})$) α (et $\frac{1}{\alpha}$) est une fonction holomorphe sur $U - \{\delta(t) = 0\}$, continue sur U, c'est-à-dire que α est en fait un inversible de O_U.

On a alors $|g_o|\ |h_o| = \alpha\ |g_o|^2$ ce qui montre que $|g_o|^2$ engendre $f^*(R)$. Posons $g_o = (g_1,\ldots,g_k)$ et montrons que $\{g_1,\ldots,g_k\}$ est une O_U-base de O_X.

Si $\lambda \in O_\lambda$, cherchons $a_1 \ldots a_k$ dans O_U tels que $\lambda = \Sigma\, a_i\, g_i$. Pour $t \notin R(X)$ ceci conduit au système linéaire

$$\lambda(t, x_j(t)) = \sum_{i=1}^{k} a_i(t)\ g_i(t, x_j(t))$$

où $x_1(t) \ldots x_k(t)$ désignent les projections sur $\mathbb{C}^p$ des points de $(\{t\} \times \mathbb{C}^p) \cap X$.

Ce système a pour déterminant $|g|(t, \pm \sqrt{\delta(t)})$ le signe dépendant de l'ordre de rangement des $x_j(t)$, et on aura donc une unique solution donnée par

$$a_i(t) = \frac{|g_1\ g_2 \ldots g_{i-1}\ \lambda\ g_{i+1} \ldots g_k|}{|g_o|}\ (t)$$

pour $t \notin R(X)$, ce qui s'écrit encore

$$a_i(t) = \frac{|g^i||g_o|}{|g_o|^2}\ (t)$$

où $g^i = (g_1\ g_2 \ldots g_{i-1}\ \lambda\ g_{i+1} \ldots g_k) \in O_X^k$.

Comme $|g^i||g_o| \in f^*(R)$ (par définition) et que $|g_o|^2$ engendre $f^*(R)$ d'après ce qui précède, les a_i se prolongent analytiquement à U (toujours localement) ce qui prouve l'existence et l'unicité des éléments $a_1 \ldots a_k$ de O_U vérifiant

$$\lambda = \sum_{i=1}^{k} a_i\ g_i \quad .$$

Donc $\{g_1 \ldots g_k\}$ est une O_U-base de O_X, ce qui achève la démonstration du théorème 2.

<u>Remarque 4</u>.- Pour $g = (g_1 \ldots g_k) \in O_X^k$ et $h = (h_1 \ldots h_k) \in O_X^k$ on a

$|g|\ |h| = \det(\mathrm{trace}_{X|U}(g_i\, h_j))$.

En effet $\det_{i,j}(g_i(t, x_j(t)))\ \det_{\alpha,\beta}(h_\alpha(t, x_\beta(t))) =$

$$\det_{\lambda,\mu}\left(\sum_j g_\lambda(t, x_j(t))\, h_\mu(t, x_j(t))\right)$$

et $$\sum_j g_\lambda(t, x_j(t))\, h_\mu(t, x_j(t)) = \mathrm{Trace}_{X|U}(g_\lambda\, h_\mu) .$$

Pour plus de précision sur la définition de $\mathrm{Trace}_{X|U}$ on pourra consulter [4] .

Remarque 5.- Pour engendrer l'idéal $\mathcal{R}$ il suffit de considérer les fonctions sur $\mathrm{Antisym}^k(C^p)$ de la forme $|g|$ avec $g = (g_{\alpha_1} \dots g_{\alpha_k})$ où $\alpha_i \in \mathbb{N}^p$, $g_{\alpha_i}(x) = x^{\alpha_i}$ avec la convention habituelle : si $\alpha_i = (\alpha_i^1, \dots, \alpha_i^p)$ $x^{\alpha_i} = x_1^{\alpha_i^1} \dots x_p^{\alpha_i^p}$ et ceci seulement pour $|\alpha_1| \leqslant k-1, \dots, |\alpha_k| \leqslant k-1$ (avec la convention habituelle $\alpha_i = \sum_{j=1}^{p} \alpha_i^j$) .

Ceci donne un générateur explicite de $\tilde{f}^*(\mathcal{R})$ (et donc de $f^*(R)$) donnant un test fini pour la platitude de O_X .

§ 3.- APPLICATION AUX INTERSECTIONS COMPLETES

On suppose dans ce paragraphe que $X = \{f_1 = \dots = f_p = 0\}$ et que les fonctions holomorphes f_i sur $U \times \mathbb{C}^p$ donnent des équations génériquement réduites de X . On note toujours par (X, O_X) l'espace analytique réduit associé à X , et l'on suppose que X définit un revêtement ramifié de degré k de U par la projection naturelle $U \times \mathbb{C}^p \to U$.

Soit $\mathcal{J} = \det\left(\frac{\partial f_i}{\partial x_j}\right)$ où $x_1 \dots x_p$ désignent les coordonnées de $\mathbb{C}^p$. Si $t \in U$ et si les points de $\{t\} \times \mathbb{C}^p \cap X$ ont pour projections sur $\mathbb{C}^p$ $x_1(t), \dots, x_k(t)$ posons $J(t) = \prod_{j=1}^{k} (t, x_j(t))$ (la norme de $\mathcal{J}/X$) .

Alors J est holomorphe sur U et donne un générateur de l'idéal de ramification de X sur U (on sait qu'une intersection complète est Cohen Macaulay et donc que X est plat sur U dans la situation considérée) :

Théorème 3.-

Avec les notations ci-dessus J est un générateur de l'idéal de ramification de X sur U .

Démonstration : On utilise ici les notations de [4] et [5] . Le lemme suivant est classique, voir par exemple [1] [2] ou [4] .

Lemme.- On pose $Z = U \times \mathbb{C}^p$.

Soit $c_X^Z \in \operatorname{Ext}^p_{O_Z}(O_X , \Omega_Z^p)$ la classe fondamentale de X dans Z . Considérée comme élément de $H_X^p(Z, \Omega_Z^p)$ calculé en Cech dans le recouvrement donné par les ouverts $\{f_i \neq 0\}$ elle est représentée par le cocyle $\frac{df_1}{f_1} \wedge \ldots \wedge \frac{df_p}{f_p}$ et vérifie donc

$$c_X^Z \wedge dt_1 \wedge \ldots \wedge dt_n = \mathfrak{J} . \frac{dx_1 \wedge \ldots \wedge dx_p \wedge dt_1 \wedge \ldots \quad dt_n}{f_1 \ldots f_p} .$$

De plus on a un isomorphisme $O_X \to \omega_X^n$ donné par

$$\lambda \to \lambda \frac{dt_1 \wedge \ldots \wedge dt_n}{\mathfrak{J}} .$$

Soit $g = (g_1 , \ldots , g_k)$ une base de O_X sur O_U (on travaille toujours localement sur U) . On sait d'après la remarque 4 que

$$|g|^2 = \det(\operatorname{trace}_{X|U} (g_i\, g_j))$$

est un générateur de l'idéal de ramification de X sur U . Comme $\frac{g_i\, g_j'}{\mathfrak{J}} dt_1 \wedge \ldots \wedge dt_n \in \omega_X^n$, la trace sur U de la fonction méromorphe $\frac{g_i\, g_j}{\mathfrak{J}}$ est holomorphe, et on peut écrire

$$|g|^2 = J . \det \left[\operatorname{trace}_{X|U} (\frac{g_i\, g_j}{\mathfrak{J}})\right] .$$

Il nous reste donc à montrer que la fonction holomorphe $\det\left[\operatorname{trace}_{X|U} (\frac{g_i\, g_j}{\mathfrak{J}})\right]$ sur U est inversible.

Mais la matrice à coefficients dans O_U

$$m_{ij} = \operatorname{trace}_{X|U} (\frac{g_i\, g_j}{\mathfrak{J}})$$

est la matrice de l'application O_U-linéaire $\theta : \omega_X^n \to (\Omega_U^n)^k$ définie par $\theta(\omega) = (\operatorname{trace}_{X|U} (g_1\omega) , \ldots , \operatorname{trace}_{X|U} (g_k\omega))$ repérée dans la base $\left(g_1 \frac{dt_1 \wedge \ldots \wedge dt_n}{\mathfrak{J}} , \ldots , g_k \frac{dt_1 \wedge \ldots \wedge dt_n}{\mathfrak{J}}\right)$ pour ω_X^n et la base évidente de $(\Omega_U^n)^k$ associée à $dt_1 \wedge \ldots \wedge dt_n$.

Mais θ est bijective : l'injectivité étant facile prouvons la surjectivité :

si $(a_1 \ldots a_k) \in (\Omega_U^n)^k$ le système d'équation

$$\mathrm{trace}_{X|U}(g_i\omega) = a_i \qquad i \in [1,k]$$

définit une unique forme holomorphe sur $X \mid U - R(X)$ de degré n. Si $h \in O_X$ on a $h = \sum_{i=1}^{k} h_i\, g_i$ avec $h_1 \ldots h_k \in O_U$.

Alors $\mathrm{trace}_{X|U-R(X)}(h\,\omega) = \sum_1^k h_i \ \mathrm{trace}_{X|U-R(X)}(g_i\omega) = \sum_1^k h_i\, a_i$

se prolonge analytiquement à U tout entier en une section de Ω_U^n. Donc la forme ω est P.T.U. (voir [4]) et définit donc une section sur X du faisceau ω_X^n (voir [4]).

Ainsi la matrice $\mathrm{trace}_{X|U}\left(\frac{g_i\, g_j}{\mathfrak{g}}\right)$ est inversible sur O_U et J est un générateur de l'idéal de ramification de X sur U, ce qui achève la démonstration du théorème 3.

Bibliographie

[1] A. GROTHENDIECK, Cohomologie locale des faisceaux cohérents et théorèmes de Lefschetz locaux et globaux (SGA 2)
Advanced Studies in pure mathematics, Masson, North-Holland.

[2] J.P. SERRE, Algèbre locale - Multiplicités
Lecture Notes n° 11 (1965) Springer Verlag.

[3] D. BARLET, Espace analytique réduit des cycles analytiques complexes compacts d'un espace analytique complexe de dimension finie
Séminaire Norguet 1974-75 Lecture Notes n° 482 Springer Verlag.

[4] D. BARLET, Le faisceau $\omega_X^{\cdot}$ sur un espace analytique réduit X de dimension pure
Séminaire Norguet 1975-77 Lecture Notes n° 670 Springer Verlag

[5] D. BARLET, Familles analytiques de cycles et classes fondamentales relatives
(dans ce volume)

[6] A. HENAUT, Platitude des revêtements analytiques ramifiés à deux feuillets d'une variété analytique complexe de dimension finie
Séminaire Norguet 1974-75 Lecture Notes n° 482 Springer Verlag.

COURANTS ERGODIQUES ET RÉPARTITION GEOMÉTRIQUE

par

Jean-Louis ERMINE

§ 1. - Introduction

Ce qui suit a pour but d'établir quelques liens entre la théorie des cycles asymptotiques, introduits pour étudier des feuilletages de codimension 1 ([11], [14]) la théorie de la répartition des suites en arithmétique ([2], [10] ou [12]) et la théorie des courants positifs ([3], [5], [8]).

Désignons par T^p le tore $\mathbb{R}^p / \mathbb{Z}^p$ et π la projection canonique

$$\pi : \mathbb{R}^p \to \mathbb{R}^p / \mathbb{Z}^p$$

un théorème d'arithmétique dit que si θ est un nombre irrationnel on a

$$\lim_{N\to\infty} \frac{1}{N} \sum_{n<N} f \circ \pi (n\theta) = \int_{T^1} f(x)\, dx \qquad (1)$$

pour toute fonction continue sur T^1 (à valeurs réelles ou complexes) qui se généralise en dimension p de la façon suivante ; si $1, \theta_1, \ldots, \theta_p$ sont linéairement indépendants sur $\mathbb{Q}$ alors

$$\lim_{N\to\infty} \frac{1}{N} \sum_{n<N} f\circ\pi (n\theta_1, n\theta_2, \ldots, n\theta_p) = \int_{T^p} f \qquad (1)'$$

On dit que la suite $n\theta$ (resp. $(n\theta_1, \ldots, n\theta_p)$) est équi répartie modulo 1 par rapport à la mesure de Legesgue.

On peut également généraliser ce qui précède en remplaçant les sommes finies par des intégrales (c'est le problème du billard [12] ou la répartition continue de [10]) : on se donne une application continue :

$$\begin{array}{ccc} [0, +\infty[& \to & \mathbb{R} \\ t & \to & u(t) \end{array}$$

et pour toute fonction continue on étudie la limite quand $R \to +\infty$ de

$$\frac{1}{R} \int_0^R f \circ \pi \; (u(t)) \, dt$$

On trouve ainsi que si $\theta_1, \ldots, \theta_p$ sont linéairement indépendants sur $\mathbb{Q}$ on a

$$\lim_{R \to +\infty} \frac{1}{R} \int_0^R f \circ \pi \; (\theta_1 t, \ldots, \theta_p t) \, dt = \int_{T^p} f \qquad (2)$$

Ceci appelle deux remarques :

-(1) Peut s'interpréter comme la limite de mesures de Dirac $\pi_* \delta_{n\theta}$ vers la mesure de Haar μ induite sur le tore par la mesure de Lebesgue, limite dans un sens qui sera à préciser :

$$\lim_{N \to +\infty} \frac{1}{N} \sum_{n < N} \pi * \delta_{n\theta} = \mu$$

c'est donc une limite de courants de dimension zéro - De même pour (1)'

- Dans le même ordre d'idée, (2) s'interprète comme une limite de courants de dimension un : Si l'on considère la droite D d'équation paramétrique (plaçons nous dans $\mathbb{R}^2$)

$$\begin{cases} x_1 = \theta_1 t \\ x_2 = \theta_2 t \end{cases} \qquad \text{avec } \theta_1 \text{ et } \theta_2 \text{ irrationnels}$$

soit B_R sa boule de rayon R pour la distance géodésique, soit f une forme différentielle de degré 1 sur T^2, on a

$$\frac{1}{\text{vol } B_R} \int_{B_R} \pi_* f = \frac{1}{2R} \int_{-R}^{+R} f \circ \pi \; (\theta_1 t, \theta_2 t) \, dt$$

on retrouve donc l'expression du premier membre de (2).

Si la limite existe, en tant que courant, c'est un courant dont le support est l'adhérence de $\pi(D)$, or l'on sait bien qu'une droite à pente irrationnelle est dense sur le tore. Des considérations sur la nature du courant limite montrent qu'il s'écrit effectivement comme une intégration sur le tore. (cf. Proposition II-1) on retrouve l'égalité (2). Notons à ce propos l'abus de langage qui consiste à écrire

$$\lim_{R\to+\infty} \frac{1}{R} \int_0^R f \circ \pi(\theta_1 t, \theta_2 t)\, dt = \int_{T^2} f$$

puisque au niveau des courants le courant d'intégration sur T^2 est de dimension 2 et le courant d'intégration sur la droite $y = \frac{\theta_2}{\theta_1} x$ est de dimension 1 . Cet abus est justifié par le fait que dans ce cas, la limite, en tant que courant, bien que toujours de dimension 1, est de support de dimension 2.

On voit donc qu'on peut étudier l'équirépartition dans un cadre plus général que celui habituel et caractériser géométriquement les résultats obtenus.

Nous regarderons cette généralisation de deux points de vue, l'un "réel" qui fait appel à la géométrie différentielle, l'autre "complexe" plus adapté à la géométrie analytique.

§ II. - Cas réel

1 - Définition et existence de courants ergodiques sur le tore

Dans la suite T^p désigne le tore réel de dimension p, π la projection canonique :

$$\pi : \mathbb{R}^p \to T^p = \mathbb{R}^p/\mathbb{Z}^p$$

Rappelons que tous les tores de dimension p sont différentiablement isomorphes (ce qui n'est pas le cas pour les tores complexes).

Soit V une sous variété de $\mathbb{R}^p$ de dimension q . Elle est munie d'une structure riémanienne par sa distance géodésique. Nous ferons les hypothèses de régularité suffisante sur V.

Remarquons que si l'on prend au lieu d'une sous variété un espace analytique (dans $\mathbb{C}^n = \mathbb{R}^{2n}$) analytique réel, semi analytique ... $\tilde{V}$ on peut considérer la variété $V = \text{reg}\,\tilde{V}$ qui est l'ensemble de ses points réguliers (cf [6] et [7]) les considérations qui suivent devraient alors s'adapter.

V sera supposée de dimension q, et B_R désigne la boule de centre x_0 et de rayon R de V (pour la distance géodésique).

Soit $\tilde{\varphi}$ une forme différentielle C^∞ de degré q sur T^p. Cela signifie que $\varphi = \pi * \tilde{\varphi}$ est une forme différentielle sur $\mathbb{R}^p$ invariante par les translations du réseau qui définit le tore T^p.

On a

$$\int_{B_R} \varphi = \int_{B_R} <\xi(z), \varphi(z)> dv$$

où $\xi(z)$ est l'espace tangent à B_R en z et dv l'élément de volume riémanien. On désigne par $\|\varphi\|$ la comasse de φ dans un compact B :

$$M_B(\varphi) = \|\varphi\|_B = \text{Sup}\ \{\ |\varphi(z)|\ |\ z \in B\}\ ,$$

du fait que φ est invariante par translation, il résulte que sa comasse est bornée par une constante K.

D'où $\int_{B_R} <\xi(z), \varphi(z)> dv \leq K \int_{B_R} 1\, dv = K \text{ vol}(B_R)$ donc

$$\frac{1}{\text{vol}(B_R)} \int_{\pi(B_R)} \tilde{\varphi} = \frac{1}{\text{vol}(B_R)} \int_{B_R} \varphi \leq K$$

on prend alors une suite de nombres réels positif (R_n) tels que $\lim_{n \to +\infty} R_n = +\infty$

On note S le courant tel que

$$<S, \tilde{\varphi}> = \lim_{n \to +\infty} \frac{1}{\text{vol}(B_{R_n})} \int_{B_{R_n}} \varphi = \lim_{n \to +\infty} \frac{<I_{R_n}, \varphi>}{\text{vol}(B_{R_n})}$$

(i.e S est une valeur d'adhérence faible).

On dira que S est un courant ergodique si pour toute suite (R_n) comme ci-dessus on a $<S, \tilde{\varphi}> = \lim_{n \to +\infty} \dfrac{<I_{R_n}, \varphi>}{\text{vol}(B_{R_n})}$ (i.e S est indépendant du choix de

$(R_n))$ on notera $<S,\tilde{\varphi}> = \lim\limits_{R\to+\infty} \dfrac{<I_R,\varphi>}{\text{vol } B_R}$.

Si l'on désigne par la masse de S le nombre

$$M(S) = \text{Sup}\{<S,\tilde{\varphi}> \mid M(\tilde{\varphi}) \leq 1\}$$

où $M(\tilde{\varphi})$ désigne la comasse de $\tilde{\varphi}$, on a le résultat immédiat suivant.

PROPOSITION I.1. - S <u>est un courant de masse finie</u> (<u>ou</u> 0-<u>continu</u>).

Donc, d'après Federer ([3] p 357) S est représentable par intégration. C'est-à-dire qu'il existe une mesure de Radon positive sur le tore, notée $\|S\|$ et un champ de q-vecteurs $\vec{S}$ intégrable pour $\|S\|$ (et défini $\|S\|$-presque partout) tel que

$$<S,\varphi> = \int_{\text{suppS}} <\vec{S}(y),\varphi(y)> d\|S\|(y)$$

On peut dire que l'on a équirépartition de V sur Supp S selon la mesure $\|S\|$ (cf [12]).

2 - <u>Quelques rappels sur les courants</u>

Rappelons qu'un courant est dit localement normal s'il est de masse finie ainsi que son bord. L'ensemble des courants localement normaux de dimension q sur T^p est noté : $N_q^{loc}(T^p)$

Pour toute partie W de T^p on définit pour tout courant S

$$F_W(S) = \text{Sup}\{\,|<S,\varphi>|\ \mid \text{Supp}\,\varphi \subset W \text{ et } M_W(\varphi) \leq 1\ M_W(d\varphi) \leq 1\}$$

on obtient ainsi une famille de semi-normes

$$\{F_W \ ; \ W \subset\subset T^p\}$$

qui définit sur les courants une topologie dite topologie plate.

L'ensemble des courants localement plats sur T^p est le complété de $N_q^{loc}(T^p)$ pour cette topologie. On le note : $F_q^{loc}(T^p)$

Un courant S est donc localement plat si tout "cut off" φS est limite de courants localement normaux à support dans W pour la norme F_W, où φ est une fonction à support compact contenu dans un $W \subset\subset T^p$.

Les propositions suivantes montrent l'intérêt des courants localement plats.

PROPOSITION II. 1 [5]. - Si X est une sous variété orientée localement fermée de $\mathbb{R}^n$, l'intégration sur X est un courant localement plat. Ce courant est noté $[X]$.

PROPOSITION II. 2 [3]. - Si S est un courant localement plat de dimension q dont le support est une sous variété orientée X de dimension q alors S est de la forme $b[X]$ où b est une fonction localement intégrable sur X.

3 - Conditions de fermeture des courants ergodiques

Nous ferons désormais l'hypothèse suivante

$$\exists\ \alpha \geq 1 \quad \exists\ \ell \geq 0 \quad \lim_{R \to +\infty} \sup \frac{\mathrm{vol}\,(B_R)}{R^\alpha} = \ell$$

C'est en quelque sorte une hypothèse de croissance "algébrique réelle" sur V.

LEMME III. 1.- Sous cette hypothèse on a :

$$\lim_{R \to +\infty} \inf \frac{\mathrm{vol}\,(\partial\, B_R)}{\mathrm{vol}\,(B_R)} = 0$$

Faisons d'abord quelques rappels de géométrie différentielle et de Calcul des variations.

Soit Ω une sous variété de dimension p d'une variété riemanienne Ω' de dimension n, et α une déformation de Ω, i.e une application $\mathcal{C}^\infty$

$$\alpha :]-\varepsilon, +\varepsilon[\times \Omega \to \Omega'$$

on note

$$\bar{\alpha}(u) : \Omega \to \Omega'$$

$$x \to \alpha(u, x)$$

La métrique sur $\bar{\alpha}(u)\,(\Omega)$ étant donnée par l'image directe par $\bar{\alpha}(u)$ de celle de Ω. On définit le champ de vecteurs de variation par :

$$W(x) = \frac{\partial \alpha}{\partial u}(0, x)$$

On a alors la formule de variation suivante : [13]

$$\frac{dV(\bar{\alpha}(u))}{du}\Big|_{u=0} = -\int_{\Omega} \langle W, p.\eta \rangle dV + \int_{\partial\Omega} W \lrcorner\, dV$$

où

$V(\bar{\alpha}(u))$ est le volume de $\bar{\alpha}(u)\,(\Omega)$

η est la courbure normale moyenne de Ω

dV l'élément de volume de Ω

Si Ω et Ω' ont même dimension, alors $\eta = 0$ et

$$\frac{dV(\bar{\alpha}(u))}{du}\Big|_{u=0} = \int_{\partial\Omega} W \lrcorner\, dV = \int_{\partial\Omega} \langle W, \nu \rangle\, d\sigma$$

où ν est la normale unitaire de $\partial\Omega$ et $d\sigma$ l'élément de volume sur $\partial\Omega$.

Prenons $\Omega = B_R$ (boule géodésique de V) et $\Omega' = V$ et définissons la déformation normale suivante, qui n'est autre que l'augmentation de rayon :

$$\alpha(0, x) = x$$

$$\alpha(u, x) = x + u\,\nu(x)$$

$\nu(x)$ est la normale en x à B_R.

La formule devient alors si $V_R = \mathrm{vol}(B_R)$

$$\frac{dV_R}{dR} = \int_{\partial B_R} \langle \nu, \nu \rangle\, d\sigma = \mathrm{vol}(\partial B_R)$$

Démontrons maintenant le lemme ([11]). Supposons que $\lim_{R\to\infty} \frac{\mathrm{vol}(\partial B_R)}{\mathrm{vol}(B_R)} > 0$

Pour R assez grand on a :

$$\frac{\mathrm{vol}(\partial B_R)}{\mathrm{vol}(B_R)} = \frac{V'_R}{V_R} \geq K > 0$$

donc

$$\int_R^{R+1} V'_R \, dR = V_{R+1} - V_R \geq K \int_R^{R+1} V_R \, dR \geq K V_R$$

d'où

$$V_{R+1} \geq (K+1) V_R$$

et en itérant le procédé

$$V_{R+n} \geq (K+1)^n \quad V_R \ .$$

On voit alors que $\dfrac{V_R}{R^\alpha}$ n'est pas borné d'où le lemme.

PROPOSITION III. 2. - Avec l'hypothèse du début les courants ergodiques S sont des courants positifs fermés.

En effet, soit Ψ une forme de degré q-1 sur T, $\pi^* \Psi = \tilde{\Psi}$ est invariante par translation, sa comasse est donc bornée et on a :

$$\int_{B_R} d\Psi = \int_{\partial B_R} \Psi \leq \text{cste} \;\; \text{vol}\, (\partial B_R)$$

donc

$$< \partial S, \Psi > = \lim_{R \to +\infty} \frac{1}{\text{vol}\, B_R} \int_{\partial B_R} \Psi \leq K \;\; \lim \frac{\text{vol}\, (\partial B_R)}{\text{vol}\, B_R} = 0$$

S est donc fermé et bien évidemment positif.

Remarquons que Les courants ergodiques sont localement plats.

En effet les courants $\dfrac{\pi_* I_R}{\text{vol}\, B_R} = \dfrac{1}{\text{vol}\, B_R} \displaystyle\int_{\pi(B_R)}$ sont localement normaux puisque leur masse est finie d'une manière évidente, et la masse de leur bord est même bornée grâce au lemme donc $S = \lim\limits_{R \to +\infty} \dfrac{\pi_* I_R}{\text{vol}\, B_R}$ est localement plat

COROLLAIRE III. 3. - Si $\pi(V)$ est une sous variété fermée de T^p le courant S est le courant d'intégration (à une constante près) sur le cycle $\pi(V) = \mathcal{C}$.

C'est une conjonction de la proposition précédente et de la proposition II. 2. S étant de masse 1, la constante est égale au volume du cycle $\pi(V) = \mathcal{C}$.

On retrouve par exemple en dimension 0 le fait que si $\alpha = \frac{m_0}{n_0} \in \mathbb{Q}$ la limite de la somme $\frac{1}{2N} \sum_{-N}^{+N} f \circ \pi(\alpha n)$ n'est autre que la somme finie $\frac{1}{n_0} \sum_{n=0}^{n_0} f \circ \pi(\alpha n)$ ou en dimension 1 que si α est rationnel, la limite de $\frac{1}{R} \int_0^R f \circ \pi(\alpha t)\, dt$ est $\int_{\mathcal{C}} f \circ \pi(\alpha t)\, dt$ ou $\mathcal{C}$ est le cycle sur T^2 défini par la projection de la droite de pente rationnelle α. Ceci répond d'une manière différente à la question posée dans [12] p 18.

Remarque. - Au lieu de considérer la croissance "géodésique" de V, on pourrait étudier sa croissance relativement à la distance de $\mathbb{R}^n$, i.e si B_R désigne la boule de rayon R et de centre 0 dans $\mathbb{R}^n$, on considère vol $(B_R \cap V)$ (ce qui est bien connu des géomètres complexes).

Malheureusement, si on peut encore définir des courants ergodiques d'une façon identique, la formule de variation du volume écrite ci-dessus montre qu'il intervient un phénomène de courbure qui ne nous permet pas de démontrer comme précédemment que ces courants sont fermés, même sous la condition que $\frac{\text{vol}(B_R \cap V)}{\text{vol}(B_R)}$ est borné (ce qui signifie [15] que V est algébrique). Nous n'en avons pas trouvé une autre démonstration.

Il semble bien cependant que les cas ne sont pas bien différents dans nos préoccupations, puisque dans des exemples simples on peut établir une comparaison. Prenons comme exemple, une courbe algébrique V dans $\mathbb{R}^2$ définie par un paramètrage polynomial :

$$t \to \begin{cases} p_1(t) = x \\ p_2(t) = y \end{cases}.$$

Pour plus de facilité on étudie le volume de $B_R \cap V$ dans un voisinage d'une "branche infinie" unique.

Soit $(x(t_R)), y(t_R)$ "le" point de $B_R \cap V$. On a $x^2(t_R) + y^2(t_R) = R^2$. Il existe une relation algébrique entre R et t_R. Ce qui montre qu'en général si la croissance de la boule géodésique est en R^α , la croissance de $B_R \cap V$ est en $R^{\alpha+\beta}$.

Ce point va s'éclairer lorsque nous étudierons le cas complexe.

4 - Caractérisation des courants ergodiques

Nous venons de voir que, sous des bonnes conditions de croissance les courants ergodiques sont soit des courants d'intégration (quand leur support est une sous variété du tore) soit des courants qui se "comportent" comme des courants d'intégration -i. e. ils sont fermés et localement plats.

On peut essayer de pousser la comparaison plus loin : on sait que les courants positifs fermés sur une vairété forment un cône dont les génératrices e extrémales contiennent les courants d'intégration [5] (*). On conjecture que les courants ergodiques sont extrémaux (**). Cette situation correspond à une situation inverse d'une célèbre conjecture en géométrie complexe qui dit que les courants extrémaux sur une variété de Stein ne sont autres que les courants d'intégration. En effet, sur un tore complexe (qui est une variété compacte, qui n'est donc pas de Stein) les supports des courants ergodiques ne sont en général pas des sous-variétés du tore.

Le problème de savoir quand une variété est équirépartie, c'est-à-dire de connaître sous quelles conditions elle définit un cycle ergodique pose la question de caractériser les courants ergodiques.

(*) Si $\mathcal{C}$ est un cône convexe dans un espace vectoriel, un point de x de $\mathcal{C}$ appartient à une génératrice extrémale si pour tout y et tout z de $\mathcal{C}$ $x=y+z$. entraine $y = Cx$ et $z = C'x$, C et C' étant deux constantes positives.

(**) Cette conjecture m'a été communiquée par J. P. Ramis, elle est à l'origine de ce travail.

Pour décrire un courant ergodique, obtenu à partir d'une sous variété de $\mathbb{R}^p$, on peut faire la remarque suivante

Si $\tilde{\varphi}$ est une forme différentielle sur T^p, $\pi^* \tilde{\varphi} = \varphi$ est une forme différentielle sur $\mathbb{R}^p$ invariante par les translations du réseau qui définit T^p. Elle n'est donc pas à support compact, on ne peut l'évaluer que sur des courants à support compact. Soit Ψ_R une fonction "cut off" telle que $\mathrm{Supp}\,\Psi_R \cap V = B_R$ $\Psi_R[V]$ est un courant à support compact et l'on a

$$<S,\tilde{\varphi}> = \lim_{R \to +\infty} \frac{1}{\mathrm{vol}\, B_R} <\Psi_R[V],\varphi>$$

Inversement si φ est une forme différentielle à support compact dans $\mathbb{R}^p$, il n'existe qu'un nombre fini de translations g telles que $g(x) \in \mathrm{Supp}\,\varphi$. La forme

$$\sum_g \varphi \circ g$$

est invariante par translation, elle s'écrit donc $\pi^* \tilde{\varphi}$.

A partir de S on peut donc définir un courant $\bar{S}$ sur $\mathbb{R}^p$, invariant par translation :

$$<\bar{S},\varphi> = <S,\pi^* \tilde{\varphi}> = \lim_{R \to +\infty} \frac{1}{\mathrm{vol}\, B_R} <\Psi_R[V], \sum_g \varphi \circ g>$$

qui est une sorte d'"image réciproque" de S.

Si V est une variété invariante par translation, le support de $\bar{S}$ est un ensemble "discret" de copies de V. Si V est dense sur le tore, le support de $\bar{S}$ et tout $\mathbb{R}^p$, mais en quelque sorte "feuilleté" par la variété V. (Dans le cas de la droite irrationnelle c'est un vrai feuilletage de $\mathbb{R}^p$).

Le problème se pose alors de décrire une mesure sur ce support qui rende compte de l'équirépartition de V (Dans cet ordre d'idée on peut regarder le théorème I. 12 et la conjecture III. 9 de [14]).

§ III - Cas complexe

1 - Définition et existence de courants ergodiques sur un tore complexe

La dernière remarque ci-dessus permet par analogie de donner une autre définition de courants ergodiques. T^p désigne désormais un tore complexe :

$$\mathbb{C}^p \to \mathbb{C}^p/G$$

où G est un réseau donné, et V désigne un sous-ensemble analytique de $\mathbb{C}^p$ de dimension q soit $(\Gamma_s)_{s \in \mathbb{N}}$ une suite emboitée et exhaustive de sous ensembles finis de G, $\gamma(s) = \operatorname{card} \Gamma_s$. Alors, pour une forme à support compact K sur $\mathbb{C}^p \varphi$

$$\frac{1}{\gamma(s)} < [V], \sum_{g \in \Gamma_s} \varphi \circ g > \leq \frac{1}{\gamma(s)} \sum_{g \Gamma_s} M_{g(K)}([V]) \|\varphi\|_K$$

Ainsi si la masse de $[V]$ est localement bornée ,

$$\frac{1}{\gamma(s)} < [V] , \sum_{g \in \Gamma_s} \varphi \circ g > \leq \text{cste.}$$

On choisit alors une suite d'entier non bornée s_n, on note S le courant sur $\mathbb{C}^p$ tel que

$$<S,\varphi> = \lim_{n \to +\infty} \frac{1}{\gamma(s_n)} < [V], \sum_{g \in \Gamma_{s_n}} \varphi \circ g >$$

On dira comme précédemment que S est un courant ergodique si S est indépendant du choix de s_n. On note alors

$$<S,\varphi> = \lim_{s \to +\infty} \frac{1}{\gamma(s)} < [V], \sum_{g \in \Gamma_s} \varphi \circ g >$$

S est un courant invariant par G donc il définit un courant , noté encore S, sur T^p. On a immédiatement la proposition suivante :

PROPOSITION I.1 .- Le courant S est positif fermé et localement plat.

Le fait que S est fermé découle directement du simple fait que la dérivée d'une translation est l'identité, ce qui est plus simple que le cas réel.

Cependant l'existence de ces courants ergodiques est plus délicate. On a par exemple l'équivalence "complexe" de la proposition III. 2 : si Y est un sous-ensemble analytique algébrique, la masse de $[Y]$ est bornée dans une boule (et réciproquement) d'après un théorème de Stoll ([15]). On peut donc définir un courant ergodique à partir de Y.

2 - Définition de courants ergodiques sur une variété quelconque (*)

Dans le paragraphe qui précède si l'on prend $g_1, \ldots, g_p$ des générateurs du réseau G et pour Γ_s l'ensemble des éléments de G qui s'expriment par des mots de longueur $\leq s$, formés avec les y_i et leurs inverses on reconnait dans $\gamma(s)$ la fonction de croissance de G ([9]).

Par exemple en dimension 1, $\gamma(s) = 2s$ en dimension 2, $\gamma(s) = 2s^2+2s+1$, et en dimension p $\gamma(s)$ est un polynôme de degré p en s.

Ainsi donc la définition de courants ergodiques sur T^p provient de la possibilité de prendre une moyenne sur l'application

$$g \to \langle [V], \varphi \circ g \rangle$$

On est donc amené à définir généralement des courants ergodiques sur une variété quelconque . Pour cela donnons d'abord quelques définitions .

Soit G un groupe, $B(G, \mathbb{R})$ l'espace de Banach des fonctions bornées sur G . G opère sur $B(G, \mathbb{R})$ par $(g.f)(h) = f(g.h)$.

DÉFINITION II. 1. - Une moyenne sur G est une fonctionnelle

$$\mu = B(G, \mathbb{R}) \to \mathbb{R}$$

qui est G-invariante et telle que $\mu(\mathrm{Id}) = 1$

Supposons G engendré par un nombre fini d'éléments $g_1 \ldots g_p$ (les définitions et les démonstrations s'adoptent à un nombre dénombrable de générateurs cf [11 bis]). On note par Γ_s l'ensemble des éléments de G qui s'expriment par

---

(*) je remercie J.-B. Poly de m'avoir indiqué ce point.

des mots de longueur $\leq s$ formés avec les g_i et leurs inverses $\gamma(s) = \mathrm{card}\,\Gamma_s$

DÉFINITION II. 2. - G est dit à croissance polynomiale si $\gamma(s)$ est un polynôme, à croissance exponentielle si $\lim\limits_{s \to +\infty} \inf \frac{\log \gamma(s)}{s} > 0$.

Le type de croissance ne dépend pas du choix des générateurs ([9]).

PROPOSITION II. 3. - Si G est à croissance polynomiale, il existe une moyenne sur G.

Démonstration. - Si $f \in B(G, \mathbb{R})$, on définit

$$\mu_s(f) = \frac{1}{\gamma(s)} \sum_{h \in \Gamma_s} f(h) \quad .$$

On choisit alors une sous suite s_n telle $\mu_{s_n}(f)$ converge faiblement vers $\mu(f)$

On a bien $\mu(\mathrm{Id}) = 1$. Montrons que μ est G-invariante : si g est un générateur de G

$$\mu(f) - \mu(g.f) = \lim_{n \to +\infty} \frac{1}{\gamma(s_n)} \sum_{h \in \Gamma_{s_n}} f(h) - f(g.h)$$

$$= \lim_{n \to +\infty} \frac{1}{\gamma(s_n)} \sum_{h \in \Gamma_{s_n} \Delta g\Gamma_{s_n}} \pm f(h)$$

où Δ désigne la différence symétrique comme $\Gamma_{s_n - 1} \subset g\,\Gamma_{s_n} \subset \Gamma_{s_n + 1}$

$$\mu(f) - \mu(g.f) \leq \sup_{f \in G} |f(h)| \lim_{n \to +\infty} \frac{\mathrm{card}\,(\Gamma_{s_n} \Delta g\Gamma_{s_n})}{\gamma(s_n)}$$

$$\leq \sup_{h \in G} |f(h)| \lim_{n \to +\infty} \frac{\gamma(s_n + 1) - \gamma(s_n - 1)}{\gamma(s_n)}$$

comme $\gamma(s)$ est polynomial $\lim\limits_{n \to +\infty} \frac{\gamma(s_n+1) - \gamma(s_n-1)}{\gamma(s_n)} = 0$ d'où le résultat.

Nous sommes en mesure maintenant de donner une définition de courants ergodiques sur une variété quelconque : Soit T une variété analytique telle que $G = \pi_1(T)$ soit à croissance polynomiale, soit V un sous ensemble analytique du revêtement universel $\tilde{T}$ de T. On a une action de $\pi_1(T)$ sur V. Soit φ une forme différentielle $\mathcal{C}^\infty$ à support compact dans $\tilde{T}$.

Considérons la fonction

$$G \to \mathbb{R}$$
$$g \to \langle [V], g.\varphi \rangle .$$

Si $[V]$ est de masse localement bornée (si V est algébrique) on peut donc définir un courant par :

$$\langle S, \varphi \rangle = \mu \; (g \to \langle [V], g.\varphi \rangle)$$

où μ est une moyenne sur G.

On dira que S est ergodique s'il ne dépend pas de la moyenne μ (i.e. il est indépendant de la suite s_n telle que $\mu(f) = \lim\limits_{n \to +\infty} \mu_{s_n}(f)$).

S est un courant positif fermé localement plat invariant par G. Il s'interprête comme un courant sur T.

§ 4. - Quelques remarques et idées vagues pour terminer

1°) Croissance des variétés riemaniennes et courbure

-La croissance des variétés riemaniennes est liée à leur courbure. Ainsi [1] si V est une variété riemanienne complète de dimension n dont la courbure moyenne est positive et semi définie, alors $\dfrac{\text{vol } B_R}{R^{2n}}$ admet une limite quand $R \to +\infty$.

Par contre [4], si V est une variété riemanienne compacte dont les courbures principales sont négatives, on a $\text{vol } B_R > c \exp(\lambda R)$ pour deux constantes c et λ, sa croissance n'est donc pas en R^α.

(Rappelons brièvement les notions de courbure pour une hypersurface de $\mathbb{R}^p$ -qui se généralise sans problèmes en codimension quelconque- Soit D la connexion riemanienne habituelle de $\mathbb{R}^p$ (différentiation covariante). Si N est un champ de vecteur $\mathcal{C}^\infty$ unitaire normal à V, l'application qui à tout champ de vecteurs tangents X associe $D_X N$ est linéaire. Ses valeurs propres sont les courbures principales, son déterminant la courbure totale, sa trace la courbure moyenne, si $T_1, \ldots, T_{p-1}$ est une base orthonormale de l'espace tangent,

$$\frac{1}{p-1} \sum_{i=1}^{p-1} \langle D_{T_i} T_i , N \rangle$$ est la courbure normale moyenne (cf § III)).

Milnor([9]) a remarqué, dans les cas ci-dessus, que les croissances des π_1 et celles des variétés ont même type (à savoir polynomiale ou exponentielle). Il montre également le rapport avec les marches aléatoires dans les groupes.

-Plante [11] a montré que le π_1 d'une variété compacte a le même type de croissance que son revêtement universel.

2°) Discrépance

Soit K un compact de T^p soit, $(x_n)_{n \in \mathbb{N}}$ une suite dans $\mathbb{R}^p$ et soit $S_N(K)$ le nombre des termes x_n pour $n \leq N$ contenus dans K on note

$$D_N = \operatorname*{Sup}_K \left| \frac{S_N(K)}{N} - \operatorname{vol} K \right|$$ c'est la discrépance de la suite (x_n).

On peut prendre des familles spéciales pour les compacts K : images de polydisques de $\mathbb{R}^p$, de convexes, et l'on obtient diverses notions de discrépances ([10]).

La suite est équirépartie si la discrépance tend vers zéro quand N tend vers l'infini. On peut généraliser cette notion en la considérant comme une masse de courant et l'on note

$$D_R = \operatorname*{Sup}_K M_K \left(\frac{\pi_* I_R}{\operatorname{vol} B_R} - S \right)$$

Notons que l'on n'a plus ici le critère d'équi répartition comme ci-dessus pour les suites. Cela tient au fait que pour les suites, il s'agit de convergence de courants de Dirac vers la mesure de Haar induite par la mesure de Lebesgue de $\mathbb{R}^p$, qui donne donc un "vrai" volume. (*)

La discrépance donne une évaluation de la vitesse de convergence des courants moyennes vers le courant ergodique proprement dit. Des résultats préc et nombreux existent en dimension 0. Par exemple (Théorème de Roth [10]) on a

$$D_N > \text{cste} \ \frac{(\text{Log } N)^{p/2}}{N}$$

On peut espérer avoir une généralisation du type $D_R > \text{cste} \ \frac{(\text{Log} V_R)^k}{V_R}$. Notons alors que cette estimation ne pourrait avoir lieu que pour les vrais courants ergodiques, à savoir ceux définis par des variétés à croissance polynomiale puisque justement cette condition de croissance équivaut à

$$\limsup \frac{\text{Log } V_R}{V_R} = 0$$

3°) <u>Fonctions presque périodiques, lien avec une théorie de Galois.</u>

Raisonnons sur l'exemple standard de l'image d'une droite D dans le tore $T^2 = \mathbb{R}^2/\mathbb{Z}^2$. Soit

- Soit T(D) le groupe des translations laissant invariant D. On a une action

$$T(D) \times T^2 \to T^2.$$

Si D est à pente irrationnelle, cette action n'a pas d'orbites compactes.

(*) Pour étudier l'équirépartition selon la mesure de Lebesgue (ou une autre mesure) il faudrait introduire la discrépance $D_R = \text{Sup} \mid M_K(\frac{\pi_* I_R}{\text{vol } B_R}) - \text{vol } K \mid$

La droite est bien sûr une variété à croissance polynomiale (de degré 1), elle définit donc un courant ergodique S sur T^2 qui définit lui même une classe d'homologie de $H_1(T^2, \mathbb{R})$. Dans la dualité de Poincaré, la classe de cohomologie duale de celle de S peut être représentée par une 1-forme fermée invariante par l'action de T(D) (c'est le théorème ergodique de [11]). Cette 1-forme mérite bien le nom de forme presque périodique. Si la droite D était à pente rationnelle, on retrouverait les fonctions périodiques.

Ceci est à rapprocher du fait que pour toute fonction presque périodique f (en une variable), l'expression

$$\frac{1}{2T} \int_{-T}^{+T} f(x)\, dx$$

possède une limite quand T tend vers l'infini.

On devrait obtenir dans cette voie une généralisation des fonctions presque périodiques.

-Remarquons, toujours sur cet exemple, que si D est à pente rationnelle T(D) est un sous-groupe du groupe des translations qui définit le tore. Il lui correspond donc un revêtement galoisien associé au revêtement universel du tore :

$$\pi : \mathbb{R}^2 \to T^2$$

dont le groupe des automorphismes est $\mathbb{Z}^2/T(D)$, et qui est isomorphe à :

$$\mathbb{R}^2/T(D) \to T^2 .$$

Si D n'est pas à pente rationnelle, T(D) n'est pas un sous groupe de $\mathbb{Z}^2$, il n'existe donc pas de morphisme de revêtement :

$$\mathbb{R}^2/T(D) \to T^2$$

Dans ce cas simple, il y a donc correspondance entre les droites non équiréparties et les revêtements galoisiens associés au revêtement universel du tore.

Cette remarque peut être utile si l'on cherche à étudier l'équirépartition dans d'autres groupes compacts que le tore (Bande de Moebius, Tore de Klein ou encore $\mathbb{R}^2/G$ où G est le groupe engendré par la "réflexion sur les bandes" dans le problème du billard de [12] ...)

BIBLIOGRAPHIE

[1] R. L. BISHOP, A relation between volume, mean curvature, and diameter, Notices Amer-Math. Soc. 10 (1963), 364.

[2] J. W. S. CASSELS, An introduction to diophantine approximation, Cambridge University press (1965).

[3] H. FEDERER, Geometric measure Theory, Springer Verlag New-York 1969.

[4] P. GUNTHER, Einige Sätze über das Volumenelement eines Riemanschen Raumes, Publ. Math. Debrecen 7 (1960), 78-93

[5] R. HARVEY, Holomorphic Chains and their boundaries, Williamstown 1975.

[6] M. HERRERA, Integration on a semianalytic set, Bull. Soc. Math. France 94 (1966), 141-180.

[7] P. LELONG, Integration sur un ensemble analytique complexe, Bull. Soc. Math. France 85 (1957), 239-262.

[8] P. LELONG, Plurisubharmonic functions and positive differential forms, Gordon and Breach New-York 1969.

[9] J. MILNOR, A note on curvature and fundamental group, J. Differential geometry 2 (1968), 1-7.

[10] H. NIEDERREITER, L. KUIPERS, Uniform distribution of sequences, John Wiley and Sons 1974.

[11] J. F. PLANTE, On the existence of exceptional minimal sets in foliations of codimension one, J. of differential equations 15, 178-194 (1974).

[11bis] Foliations with measure presering holonomy, Annals of Math. 102 (1975) 327-361.

[12] G. RAUZY, Propriétés statistiques de suites arithmétiques, P. U. F. 1976.

[13] M. SPIVAK, Differential geometry, vol IV. Publish of Perish. Boston 1975.

[14] D. SULLIVAN, Cycles for the dynamical study of foliated manifolds and complex manifolds, Inventiones Math. 36 (1976), 225-255.

[15] W. STOLL, The growth of the area of a transcendental analytic, set I et II, Math. Ann. 156 (1964), 47-78 et 144-170.